Bildung im Netz

Auf dem Weg zum virtuellen Lernen

Berichte, Analysen, Argumente

Die Taschenbuchreihe Fakten wird herausgegeben
von Dieter Beste und Marion Kälke
Mitherausgeber dieses Bandes: Ulrich Lange

Die Deutsche Bibliothek – CIP Einheitsaufnahme

Bildung im Netz : auf dem Weg zum virtuellen Lernen ; Berichte, Analysen, Argumente /
[Konzeption: Dieter Beste und Marion Kälke (Hrsg.)]. - Düsseldorf : VDI Verl., 1996
  (Taschenbuchreihe Fakten)
  ISBN-13: 978-3-540-62740-1   e-ISBN-13: 978-3-642-95838-0
  DOI: 10.1007/978-3-642-95838-0
NE: Beste, Dieter [Hrsg.]

Konzeption: Dieter Beste und Marion Kälke (Hrsg.), Mediakonzept, Düsseldorf
Mitherausgeber dieses Bandes: Ulrich Lange, Berlin
Redaktion: Andreas Fuhrmann, Mediakonzept, Berlin
Gestaltung: Monika Anzinger, MediaCompany, Bonn
Satz: Michael Adrian, MediaCompany, Bonn

Fotos Umschlag: MediaCompany (4)

ISBN-13: 978-3-540-62740-1

Vorwort

Nun fängt der Computer auch die Bildung in seinem Netz: Erst Teleeinkauf, dann Telearbeit, jetzt Telebildung. Seit der Steinzeit, so resümiert ironisch Ingrid Stahmer am Ende dieses Bandes, prognostizierten Kulturkritiker bei Erneuerungen den Untergang der Menschheit. Doch weder übertriebener Pessimismus noch blauäugige Euphorie sind geeignet, das unaufhaltsam eintretende Multimedia-Zeitalter aufgeklärt in den Griff zu bekommen. Wer mit neuen Medien lernen und lehren will, muß zuerst das neue Lernen und Lehren lernen.

Studieren von zu Hause aus, flexibel in Zeit und Ort, individuell und bequem, sich per Computertastatur und Maus in jede beliebige Vorlesung an jeder beliebigen Universität – wo auch immer in der Welt – einzuklicken, das klingt phantastisch reizvoll. Das gesamte Wissen der Menschheit auf dem heimischen Bildschirm...

Doch welche Hürden, ganz praktischer Natur, sind hier zu überwinden! Als erstes versperrt die Gebührenordnung der Telekom die lustvolle Auffahrt auf die Datenautobahn. Immer wieder werde mit dem Einsatz neuer Kommunikationstechniken in der Informationsgesellschaft der Zukunft eine „verkehrssubstituierende Wirkung" unterstellt, schreibt Ulrich Lange. Sein Vergleich mit den Tarifen des öffentlichen Nahverkehrs kommt zu dem traurigen Ergebnis von nur 20 Minuten Verweilzeit im Internet – wahrlich noch keine Konkurrenz für das volle Seminargebäude! Lange hält es deshalb für erforderlich, vorerst hauptsächlich die Offline-Medien, wie etwa die CD-ROM oder die E-Mail-Systeme, für das Telelearning zu nutzen.

Dann gilt es, die Unvollkommenheit des Menschen zu berücksichtigen. Im Seminar kann der persönliche Kontakt entstehen. Noch können in der Virtuellen Universität sich nicht einmal Blicke richtig treffen. Und wenn – trotz hoher Kosten – doch schon ein Videosystem genutzt wird, erfolgt der Kameraschwenk meist erst zu einem Zeitpunkt, wenn der Redner schon wieder schweigt.

Jürgen Kawalek warnt vor einer Gefahr des Computer Based Training (CBT), die uns als Karikatur schon in jeder Schule oder Universität begegnet ist: Der Lehrer, der jahraus jahrein immer das gleiche Skript aus seiner Tasche holt und den es nicht schert, daß die Zeit an seinem Lehrstoff vorbeirauscht. In der neuen Welt der virtuellen Lehrveranstaltungen wird diese Gefahr aus wirtschaftlichen Gründen ganz real: Bei circa 200 Stunden Entwicklungszeit für ein einstündiges CBT-Programm und ungefähr 1500 Stunden für ein tutorielles Programm sei es nicht verwunderlich, daß sich der Lehrstoff über viele Jahre hinweg amortisieren müsse.

Andererseits, sagen Nicolas Apostolopoulos, Albert Geukes und Stefan Zimmermann, ist es durchaus denkbar, „daß qualitativ hochwertige Multimedia-Lehreinheiten in Zukunft eine ernsthafte Konkurrenz für schlechte Dozenten werden."

Die Autoren diese Buches wägen den Nutzen des Computers für Lehrende und Lernende, zeigen die Möglichkeiten auf, die die Technik schon heute zuläßt, und verschweigen nicht, welche Mühsal es bereitet, im weltumspannenden Netz „ortlos" zu werden. Die Erfahrungsberichte zeigen auf: Es ist nicht der Computer, dem es nun gelungen wäre, auch noch den lernenden Menschen in seinem Netz zu fangen. Umgekehrt – uns gelingt es immer besser, uns das Werkzeug Computer auch in der Lehre dienstbar zu machen. Was wir dafür brauchen ist Medienkompetenz.

Düsseldorf, im August 1996
Dieter Beste und Marion Kälke

Inhalt

Dedizierte Bildung in neuen Kommunikationssystemen – ein Weg zur Erneuerung der Universität?

Von Ulrich Lange

Ist die Bildung erst einmal im Netz, so ist sie gefangen. In einer Zeit, in der sich alle Bildungseinrichtungen in einer tiefen Krise befinden, wundert es nicht, wenn wieder einmal, nach Mengenlehre und Gesamtunterricht, ein Universalrezept zur Lösung aller schulischen Probleme gesucht wird. Hochschulen haben sich bisher von dem Getöse um die Reform der Bildung wohltuend dadurch abgehoben, daß sie nie ernsthaft über Didaktik und auch nur wenig über Bildung diskutiert haben. Nach den kurzen Einsprengseln des Nachdenkens über den Muff unter den Talaren entwickelte sich eine explizite Hochschuldidaktik vor allem als ödes Refugium für gescheiterte Psychologen, die mit kaum zu überbietender Penetranz und Langeweile Hunderten von Hochschuldozenten (es waren sicher kaum mehr) immer wieder einzureden versuchten, daß auch ein Bildungsbuchhalter mit akribisch ausgearbeiteten Seminarplänen eine persönliche Aura und eine substanzielle Botschaft haben könne.

Während Studenten längst von der Vorstellung Abstand genommen hatten, daß ein erfahrener und an den Zwistigkeiten des Lebens ergrauter aber gereifter Mensch seinen Weg in die Hochschule suchen könne, um den Dingen noch einmal auf den Grund zu gehen und seine Qualifikationen und mühsam gewonnenen Weisheiten im Rahmen der „neuen Freiheit" zur Diskussion zu stellen, konnten die neuen Öffentlichkeitsabteilungen der Hochschulen erfolgreich verbergen, daß das Gähnen in den überfüllten Lehrsälen auch ansteckend sein kann. Weit entfernt haben sich unsere Universitäten von den Postulaten der Wissenschaftlichkeit, die Karl Jaspers dem Nachkriegsdeutschland in seinen berühmten Vorlesungen zur Erneuerung der Universität mit auf den Weg gab: „Wissenschaftlichkeit, das heißt: Zu wissen, was man weiß und was man nicht weiß; unwissenschaftlich ist das dogmatische Wissen. Wissenschaftlich sein, das heißt mit den Gründen zu wissen; unwissenschaftlich ist das Hinnehmen fertiger Meinungen. Wissenschaftlich ist das Wissen mit dem Bewußtsein von den jeweils bestimmten Grenzen des Wissens; unwissenschaftlich ist alles Totalwissen, als ob man im Ganzen Bescheid wüßte. Wissenschaftlich ist grenzenlose Kritik und Selbstkritik, das vorantreibende Infragestellen; unwissenschaftlich ist die Besorgnis, der Zweifel könne lähmen. Wissenschaftlich ist der methodische Gang, der Schritt für Schritt auf dem Boden der Erfahrung zur Entscheidung bringt; unwissenschaftlich ist das Spiel vielfacher Meinungen und Möglichkeiten und das Raunen." Wissenschaft hat sich längst von der Erotik des Zweifels verabschiedet, die Universität ist zur öffentlich kaum kontrollierbaren Versorgungseinrichtung serviler Bildungsbeamter verkommen. Besonders köstlich wird die aktuelle Debatte um die Erneuerung der Universität zumal dann, wenn die um parteipolitische Pfründe buhlenden Bildungspolitiker, als die extern Hauptverantwortlichen für die Verödung der Hochschule, nun mit eindimensionalen Vorschlägen zur Einführung von Studiengebühren die „Rettung" der Universität propagieren.

Die Erneuerung der Universität

Die Erneuerung der Universität steht merkwürdigerweise erst dann zur Diskussion, wenn die „Reinigung" der Universität zu einer Frage des Merkantilen geworden ist und die Modernisierung der Hochschule von Modernisierungstheoretikern ohne Skrupel vor allem als Faktor in der Entwicklung unserer Medien- und Kommunikationsindustrie mißverstanden werden darf. Die „neue Universität" stellt in diesem Prozeß nur noch den Garanten für ein Optimum an Blaupausenpatenten dar. Die neuen Wissensfabriken werden von Bildungsnetzplanern zudem neu definiert als Vorstufe zu einem Ausbau des Edutainment. Sie sollen in Zukunft die untergeordnete Rolle von „content providern" spielen.

Viele unter uns haben sich indes schuldig gemacht an den neuen Studentengenerationen, indem wir ohne Murren die Verflachung der Hochschule und die Vermassung der zwischenmenschlichen Beziehungen als einen naturwüchsigen Prozeß begriffen haben, der auf der Ebene des Wissens und des Wissenserwerbs nur das abbildete, was auf anderen kulturellen Gebieten durch massenattraktive Unterhaltungsprogramme längst vorgezeichnet war. Nach dem Motto „Verwöhnen statt fordern" haben wir Dozenten uns in den letzten Jahren die Arbeit häufig zu einfach gestaltet, indem wir unsere Studenten als Mitglieder einer stets wachsenden Masse von Klienten in ihrer Hilflosigkeit für sich beließen, die damit verbundene Verwahrlosung in den Seminaren in Autonomie umdefinierten und unsere „Schüler" am Ende, nach ihrem Studium, entweder viel zu schnell – und nur wenig vorbereitet – oder zu langsam in eine Wirklichkeit zurückentließen, die der unübersichtlichen Welt, aus der sie zu uns flüchteten, am Ende viel mehr glich, als wir uns ursprünglich erhofften. Wir haben unter Umständen darin versagt, unseren Studenten einen akzeptablen Platz in unserer Gesellschaft vorzubereiten. Kein Wunder also, daß uns diese jetzt den Rücken zukehren und die Krise der Universität nicht als eines der von uns so geliebten „strukturellen Probleme" erkennen, sondern den Exodus der Universitas auch als eine persönliche und menschliche Krise der verantwortlichen Dozenten und eine ebensolche der sie kontrollierenden Politiker betrachten.

Neue Techniken des Lernens werden in der Krise der Institution vorschnell als magische Heiler des an der Masse erkrankten Molochs Universität angepriesen. Hätten wir uns aber in dem weiter oben formulierten Sinne schuldig gemacht, so wäre statt simpler Erneuerung durch High-Tech-Lehre und High-Tech-Magie eine ernsthaftere Reinigung angesagt, so wie sie Jaspers in der eingangs erwähnten Vorlesung für grundsätzliche Phasen des Umbruchs einforderte.

„Reinigung ist der Weg des Menschen als Menschen. Die Reinigung über die Entfaltung des Schuldgedankens ist darin nur ein Moment. Reinigung geschieht nicht zuerst durch äußere Handlungen, nicht durch ein äußeres Abmachen, nicht durch Magie. Reinigung ist vielmehr ein innerlicher Vorgang, der nie erledigt, sondern anhaltendes Selbstwerden ist. Reinigung ist Sache unserer Freiheit. Immer wieder steht ein jeder vor der Wegscheide in das Reinwerden oder in das Trübe. Reinigung ist nicht dieselbe für alle. Jeder geht persönlich seinen Weg. Der ist von niemand anderem vorwegzunehmen und nicht zu zeigen. Die allgemeinen Gedanken können nur aufmerksam machen, vielleicht erwecken."

Die Defizite der Hochschulen aus der Perspektive der Studenten sind einfach analysierbar und werden von unseren Kunden deutlich benannt. Studenten sind unzufrieden mit der mangelnden Zugänglichkeit des Hochschulpersonals. Die Größe der Seminare steht dem persönlichen Dialog im Lernprozeß entgegen. Die sozialen Kontakten an einer Massenuniversität sind schwieriger herzustellen. Die mangelnde Transparenz von Universitätsstrukturen, die nur plakative und in der Wirklichkeit nur sehr selten realisierte interdisziplinäre Zusammenarbeit, die Starrheit der Studienordnungen und die altertümliche Zertifizierung von Studienleistungen haben Studenten schon immer zur Kritik herausgefordert. Aber auch scheinbar so triviale Probleme wie die an Öffnungszeiten gebundene Zugänglichkeit von Büchern und Skripten oder der späte Druck neuer Vorlesungsverzeichnisse könnten durch eine kluge Informationspolitik mit Hilfe elektronischer Datenbanken gelöst werden. Ideal wäre es, wenn zudem die durch die akademischen Zeitpläne bedingte Einschränkung der lokalen und regionalen Mobilität durch neue Techniken der Gemeinsamkeit so erweitert werden könnte, daß die universitätsexterne zeitliche Beanspruchung der neuen Studentengeneration, die sich ihren Lebensunterhalt und in Zukunft wohl auch noch die Studiengebühren zunehmend selbst verdienen muß, zumindest ein gründliches Selbststudium nicht ausschlösse. Weder wird sich in den nächsten Jahren das Verhältnis der Zahl der Lehrenden zur Zahl der Studenten deutlich verbessern lassen, noch ist eine Steigerung der Etats oder eine günstigere gerätetechnische Ausstattung der Hochschuleinrichtungen absehbar. Stellen- und Etatkürzungen leiten eine längere Stagnationsphase ein, aus der sich die Hochschulen nur durch eine Steigerung ihrer Außenaktivitäten und einen zusätzlichen Ausbau von Drittmittelprojekten befreien können. Die damit

Die Defizite der
Massenuniversität

verbundene Abhängigkeit von Sponsoren und Auftraggebern wird die wissenschaftliche Arbeit sicher nicht unabhängiger gestalten. Wo also liegt der Spielraum für die Qualitätssteigerung in Forschung und Lehre?

Die unterschiedliche Entwicklung von Datentechnik als ungleiche Voraussetzung für die Kooperation

Moderne Kommunikationstechniken tragen zur Rationalisierung von Forschungstätigkeiten bei. Eine empirische Studie kann beispielsweise durch den Einsatz moderner Computer die Zahl der benötigten Arbeitskräfte deutlich verringern. Führten die neuen Techniken durch die wachsenden Anstrengungen für die Beschaffung und Wartung neuer Systeme nicht auch zur Steigerung des Verwaltungsaufwandes, so wären sie eigentlich ideale Werkzeuge für die Bewältigung der wachsenden Beanspruchungen der Universitätsangehörigen durch die Universitätsbürokratie. Die Integration von Aufgaben an wissenschaftlichen Arbeitsplätzen schreitet voran. Immer mehr wissenschaftliches Personal wird durch immer weniger Verwaltungspersonal unterstützt. Vor diesem Hintergrund ist die weite Verbreitung von Textverarbeitungssystemen an Einzelarbeitsplätzen nur konsequent. Sekretariatstätigkeiten werden immer häufiger durch die wissenschaftlich Beschäftigten selbst übernommen. Der Aufbau und der Ausbau lokaler Netzwerke bereitete die externe Vernetzung der Forschungseinrichtungen untereinander vor. Das Deutsche Forschungsnetz (DFN) ermöglichte die preiswerte internationale E-Mail-Kommunikation, dessen komfortablere Nutzungen nun auch einem weiteren Nutzerkreis per Internet und WWW zur Verfügung gestellt werden können.

Standen schon Anfang der 80er Jahre zahlreiche Wissenschaftler an ihrem Arbeitsplatz mit einfachen Terminals in direkter Verbindung mit dem Zentralrechner ihrer Universität, so hat in vielen Bereichen, vor allem in den Geistes- und Sozialwissenschaften, erst jetzt die Anbindung der PCs an die mainframes begonnen. Multimediale Vernetzung ist häufig nur eine verspätete Antwort auf die „unternehmensinterne" Verknüpfung von PC-Inseln an den deutschen Hochschulen. Nur selten werden in diesem Zusammenhang tatsächlich neue Anwendungen ersonnen oder die Multimedia-Potentiale der Systeme außerhalb der „Computerwissenschaften" eigenständig in Forschung und Lehre ausgeschöpft. Viele Wissenschaftler greifen auf Standardsoftwarepakete zurück, und nur wie diese die verstärkte Integration von Grafiken, Tönen, Stand- und Bewegtbildern möglich machen, sind auch die informatikunerfahrenen Hochschuldozenten bereit, am Ausbau der multimedialen Kommunikationssysteme mitzuwirken. Trotz dieses generellen Rückstandes gegenüber insbesondere privaten oder halböffentlichen Forschungseinrichtungen gibt es vor allem bei jungen Wissenschaftlern an deutschen Universitäten ein häufig außerordentliches Know-how neuer Datentechniken. Ob in der Medizin oder in den Rechtswissenschaften, ob in der empirischen Sozialforschung oder in der Prozeßtechnik, die Vielzahl der Computeranwendungen, die an den Hochschulen jeweils fachspezifisch entwickelt wurden, ist kaum beschreibbar. Die Anwendung von Computern an den Universitäten muß deshalb weder zentral dirigiert noch die Vernetzung der Hochschulen prinzipiell neu erfunden werden.

> Vor allem junge Wissenschaftler verfügen über Know-how

Der Modellversuch Virtual College

Der Modellversuch Virtual College an den wissenschaftlichen Hochschulen und Universitäten in Berlin und Brandenburg sollte dieser Entwicklung Rechnung tragen. Während zahlreiche andere sogenannte „Multimedia-Projekte" häufig vorgeben, die Welt prinzipiell neu zu erfinden, indem sie sich entweder vom Techno-Hipe der Produktanbieter anstecken lassen oder auf die berechtigte Chance setzen, einschlägige Firmen in einen spendierfreudigen High-Tech-Taumel zu verführen, wurde im Virtual College mit einem low-budget-Konzept nach den Ressourcen gefragt, die die jeweiligen universitären Einrichtungen bereits jetzt in ein interdisziplinäres und interinstitutionelles Projekt einbringen können. Ohne große zusätzliche finanzielle Aufwendungen sollten Synergieeffekte freigesetzt werden. Zugleich wurde durch die Infrastruktur des Virtual Colleges, mit zahlreichen fächer- und institutsübergreifenden Sitzungen und Veranstaltungen, ein reger Austausch unter den avantgardistischen Techniknutzern an den verschiedenen Hochschulen initiiert.

Obwohl die Telekom im Virtual College die ISDN-Leitung kostenlos

zur Verfügung stellte und auch die Firma AOL ein Semester lang Kunden
unter den Studenten durch Gratisabos für die Nutzung des Internets und
einiger Zusatzdienste werben durfte, wurde der Großteil der Kosten aus
den normalen Institutsetats aufgebracht. Auch bei den über 50 Lehrveranstaltungen im Laufe eines Semesters wurden trotz zahlreicher externer
Dozenten aus privaten Einrichtungen ein hoher Anteil der Veranstaltungen aus den „Bordmitteln" der jeweils beteiligten Fachbereiche finanziert.
Wäre das Virtual College mit einer eigenständigen Kostenträgerrechnung
durchgeführt worden, und hätte man alle Institutsleistungen extern in
Rechnung stellen müssen, so wäre dieser Modellversuch nicht finanzierbar gewesen. Enhanced services, zum Beispiel durch die Möglichkeit,
Seminare kostenlos per Bildtelefon miteinander in Kontakt zu bringen,
wurden in Berlin von Unternehmen wie Sony, Videoline oder P.I.K. durch
einige wenige Geräteleihgaben ermöglicht, doch in Zukunft wird sich das
Telelernen auf Dauer nicht wirklich über Sponsorenbeiträge finanzieren
lassen.

Während die Berliner Hochschuleinrichtungen untereinander durch
einen breitbandigen ATM-Anschluß erstaunlich gut verbunden sind und
diese Verbindungen in den jeweiligen Fachbereichen im Binnenverhält-
nis vorerst noch kostenlos genutzt werden können, war für die Anbindung der Brandenburger Hochschulen an das Berliner Netz jeweils eine
2Mbit-Verbindung mit den entsprechenden Routern erforderlich. Gleich
zu Anfang des Projektes gab es große Probleme mit längst standardi-
sierten Schnittstellen (S2M), und erst Monate nach dem eigentlichen
Starttermin stand die erste voll funktionstüchtige Multiplexverbindung
mit 32 ISDN-Kanälen. Die Schwierigkeiten beim Aufbau und Ausbau der
Systeme sind dennoch nicht primär solche der Technik, sondern sie
liegen in deren Wirtschaftlichkeit und Finanzierbarkeit, und die hängt
allerdings auch mit dem Stand und der Entwicklung von Technik zusammen.

Das Kostenproblem

Allein für den Versuch, eine normale Vorlesung multimedial abzubilden
und sie für die interaktive Nutzung im Netz entsprechend vorzubereiten,

wird ein horrender Zeitaufwand prognostiziert. Prof. Kaderali, ein erfahrener Praktiker im Bereich des Fernlernens, veranschlagt hierfür mindestens drei Mannjahre. Ähnliche Zahlen nennt auch Kawalek für strukturierte CBT-Programme (Computer Based Training) in einem Aufsatz über Erfahrungen aus Telelernprojekten. Gleichzeitig verweist der Telelearning-Experte auf die Risiken einer mit der teuren Produktion des Lehrmaterials verbundenen unerwünschten Verstetigung des Lehrangebotes: „Bei circa 200 Stunden Entwicklungszeit für ein einstündiges CBT-Programm und circa 1500 Stunden für ein tutorielles Programm ... ist das auch nicht überraschend. Ein solcher Kurs muß sich erst einmal amortisieren, was dazu führen kann, daß – insbesondere im Hochschulbereich – neuere Entwicklungen nicht berücksichtigt werden. Sechs bis zehn Jahre ohne irgendwelche Veränderungen sind keine ungewöhnliche ‚Lebensdauer' für einen Kurs."

Während folglich das multimediale Fernlernen und das Stöbern in didaktisch perfekt ausgefeiltem Material schon aus Kostengründen vorerst eher die Ausnahme bleiben wird, so liegen die Chancen in der Vernetzung von Bildungseinrichtungen untereinander und der Verbund dieser „Orte" mit den Haushalten der dort tätigen Personen, vor allem im Aufbau und Ausbau von Telekooperationssystemen. Beim Berliner Virtual College wurde von den Projektpartnern deshalb hierin ein besonderer Schwerpunkt gewählt. Studenten und Dozenten sollten die notwendigen Voraussetzungen hierfür erklärt bekommen und mit der Integration in zentrale Netze und Server ein Rahmen für die Realisierung eines intensivierten technischen Verkehrs zwischen den Akteuren geschaffen werden. Das Interesse war groß, über 500 Studenten schrieben sich gebührenfrei ein, aber nur ein geringer Prozentsatz der VC-Studenten und –Dozenten sah sich gleich zu Beginn des Projektes in der Lage, die neuen Techniken

entsprechend einzusetzen. Auch eilig durchgeführte Crashkurse konnten die Skepsis zahlreicher Computerneulinge nicht tilgen. Sie sprangen ab oder beteiligten sich nur „theoretisch" am Programm. Die Konsequenz hieraus: Die zweite Phase des VC im Wintersemester 1996/97 wird intensiver verlaufen und in einem Modellversuch „Mediengestaltung und Medienarchitektur" weniger, aber dafür versiertere Teilnehmer in die telekooperativen Experimente einbeziehen.

Techniken der Gemeinsamkeit

Häufig reicht zum Einbezug eines externen Experten in ein Seminargespräch schon ein normales Telefongespräch aus. Interessanterweise hat bis heute niemand eine geeignete Hardware hierfür entwickelt, obwohl solche „Interviews" in den Massenmedien schon zur Routine gehören. Eine ISDN-Übertragung mit 32 ISDN-Kanälen, so technisch reizvoll der Multiplexbetrieb zur Erprobung von Bewegtbildübertragungen unter weniger idealen Bedingungen auch sein mag, ist für die Universitäten auf Dauer nicht finanzierbar. Eine Proshare-Bildkonferenz mit zwei ISDN-B-Kanälen ist hingegen sicher besonders kostengünstig, aber, bezogen auf die Bildqualität, weniger attraktiv. Das System vermittelt, bevor die neuen, bereits annoncierten Komprimierungsverfahren eingesetzt werden, ein unscharfes Ruckelbild. Auch die beispielsweise von Picture-Tel verwendeten und im Virtual College ebenfalls erprobten sechs ISDN-Kanäle fallen deutlich hinter die Qualität eines Fernsehbildes zurück. Die Übertragungskosten bewegen sich allerdings auch hier im universitären Kostenrahmen.

Erstaunlich ist die Präsenz der jeweils physisch getrennten Gesprächspartner, die bei den neuen Bildkonferenzsystemen erzielt werden kann. In der Verwendung im Seminarbetrieb zeigten sich jedoch erhebliche Probleme in Hinsicht auf die Bilddramaturgie und die Konzeption eines geeigneten Settings. Mal erscheinen zu viele Personen auf dem Bild, die einzelnen Sprecher sind dann kaum erkennbar, und Gestik und Mimik fallen fast völlig aus; wählt man hingegen einen kleineren Bildausschnitt, dann sprechen die Gesprächspartner häufig aus dem Off. Ist der Dozent Frontalunterricht gewöhnt, so läßt sich dieser kaum in einen Raum mit einer anderen Konstellation übertragen, und Gruppengespräche scheitern häufig an fehlenden Zusatzkameras, die zudem eine eigene Bildregie erforderlich machen. Während manche Systeme verschiedene Kamerapositionen, die einfach gespeichert und abgerufen werden können, auf Knopfdruck zur Verfügung stellen, müssen bei anderen Systemen, für alle Beteiligten enervierend, die Fahrten während des Gespräches durchgeführt werden. Die Kamera kommt dann häufig beim Sprecher an, wenn dieser seinen Beitrag, einen eingeschobenen Ad-hoc-Kommentar oder ein kurzes Statement, schon beendet hat. Der Einsatz von Konferenztechniken scheint die Konzentration auf die Aufgabe zu fördern. Die inhaltliche Bereicherung durch die externen Gesprächspartner, die bei physischer Präsenz quasi natürlich gegeben zu sein scheint, läßt sich jedoch tatsächlich auch sehr gut mit Hilfe der audiovisuellen Telekommunikation erzielen. Einzelne Gedanken externer Partner habe ich aus der Erfahrung des Seminarbetriebs als wertvolle Hinweise in Erinnerung behalten. Telekonferenzen können zur Erweiterung von Perspektiven und Wissen beitragen, das in ein Lehrgespräch eingebracht wird. Die Mitarbeiter unserer Partneruni brachten Denkansätze ein, die so aus der internen Runde auf unserer Seite sicher nicht formuliert worden wären, und darauf kommt es ja schließlich bei der Bereicherung von Gesprächssituationen durch Dritte an. Während das Abrufen aufwendig gestalteter Lehreinheiten von zentralen Servern häufig als das Nonplusultra des Telelearning dargestellt wird, aber vorerst noch zu hohe Gestaltungsansprüche an die Dozenten stellt, sind die moderateren Zwischenformen der Telekooperation schneller erlernbar und können auch ohne hohen Investitionsaufwand direkt eingesetzt werden.

Besonders erfolgreich ist in dieser Hinsicht der E-Mail-Verkehr, der die gegenseitige Ansprache zwischen Dozenten und Studenten erleichtern kann. Literaturlisten, Seminarpläne, Folien und Lehrmaterialien, soweit sie ohne Copyright-Probleme auf dem Server abgelegt werden dürfen, gehören zu meinen eigenen ersten stolzen Online-Produkten. Die Beratungsroutine kann auf diese Weise an das System delegiert werden. So kann mehr Zeit für das persönliche Gespräch oder die Fortentwicklung des Forschungsprozesses gewonnen werden. Ehrlicherweise wäre der „Zeitgewinn" in meinem Fall aber schon wieder in neue Projekte geflossen. Auch dies scheint mir in einer gewissen Weise symptomatisch zu sein.

Schon jetzt hat sich im Rahmen des Virtual Colleges gezeigt, daß die Telekooperation unter den Studenten schneller wächst als die zwi-

schen Studenten und Dozenten, sobald die notwendigen technischen
Voraussetzungen geschaffen sind. Das gemeinsame Arbeiten an Dokumenten ist eher die Ausnahme, aber der Austausch von Dokumenten zur
jeweiligen Weiterverarbeitung hat deutlich zugenommen. Auch diese
Zeilen, die ich gerade in einem Pariser Hotel schreibe, werden von einem
unserer Studenten vor der Weitergabe an den Verlag nach dem E-Mail-
Versand noch einmal gegengelesen. Das Berliner Virtual College ist ein
Gemeinschaftsprodukt. Es könnte nach dem Wahlspruch von Mike Boo-
kex, einem Systemarchitekten, konzipiert sein: „You design top down,
but you build bottom up." Es lebt als Infrastruktur durch die Leistungen
seine Akteure. Wenn Sie sich ein Bild über das Angebot verschaffen
wollen, so wählen Sie im WWW die Homepage http://virtualc.prz.tu-ber-
lin.de an. Der Hauptmotor in der Entwicklung des VC sind und waren die
Studenten. Sie sind die aktivsten und leidenschaftlichsten Internet-An-
wender an den Hochschulen, und dies macht sie als Kronzeugen der
Entwicklung auch zugleich verdächtig.

Von der Subventionslogik zur Leistungs- und Qualitätslogik

Häufig wurde der mangelnde ökonomische Realismus der Internet-An-
wender bemängelt beziehungsweise die Mitnahmementalität von Nutzern
eines Gratisdienstes kritisiert, doch hätte man den Nutzern des Internets
die tatsächlichen Kosten direkt in Rechnung gestellt, so hätte es die dabei
gewonnenen wertvollen Erfahrungen nicht gegeben. Das Internet ist
wahrscheinlich das letzte große Infrastruktursystem, das noch einmal wie
das Telefon oder das Fernsehen durch erhebliche Vorleistungen als ein
gesellschaftsumfassender Feldversuch begriffen werden kann. In Zukunft
werden die Anbieter neuer Netze und Dienste unter den harschen Voraussetzungen einer verschärften Deregulation keine entsprechenden Gra-
tis-Vorleistungen erbringen können. Neue Angebote werden deshalb
stärker auf den kurzfristigen Nutzen abzielen müssen. Der durch die
Konkurrenz beschleunigte technische und wissenschaftliche Fortschritt
scheint hierbei aber ein interessantes Korrektiv zu sein. So konnten zum
Beispiel in den USA trotz segmentierter Märkte deutliche Reduktionen bei

den Kosten im Fernmeldewesen durch die Anwendung neuer Techniken erzielt werden. Es ist absehbar, daß die Nutzung von Fernsprechdiensten durch die Öffnung des Fernmeldemarktes ab 1998 auch für die Hochschulen deutlich preiswerter wird. Zudem haben sich die Hochschulen untereinander, zumindest in Berlin, ja bereits leistungsfähige eigene Vernetzungssysteme geschaffen. Solche „Inhouse"-Systeme sind jedoch in gewisser Weise kontraproduktiv. Die Kosten für deren Ausbau werden zumeist durch zentrale Instanzen getragen. Für deren Unterhaltung hingegen wird im Rahmen der hochschulinternen Finanzorganisation keine eindeutige Kostenstellenrechnung (bis auf die Ebene der Fachbereiche oder gar Arbeitseinheiten hinab) vorgenommen. Es ist folglich nicht verwunderlich, daß sich unter den hochschulinternen Anwendern in fast schon penetranter Weise die falsche Vorstellung erhält, daß technische Kommunikation quasi kostenlos herzustellen sei.

Mangelndes Kostenbewußtsein auf unterschiedlichem Niveau ist überhaupt ein zentrales Dilemma bei der Vernetzung von Hochschuleinrichtungen. Während beispielsweise an Berlins Hochschulen sowohl das Telefonieren wie auch der Briefverkehr nur im großen Rahmen bewirtschaftet werden und die Etats aus der Perspektive einzelner Arbeitsbereiche nur wenig begrenzt zu sein scheinen, stehen einzelne Fachbereiche an Brandenburger Hochschulen mit einer präziseren Kostenstellenrechnung schon nach den ersten Monaten des jeweiligen Finanzjahres vor einem Kommunikationskonkurs.

Die Subventionslogik, nach der Bildung als ein quasi freies Gut künstlich generiert wurde – aus gutem Grund übrigens, da die alte bundesdeutsche Gesellschaft Bildung als einen Wert begriff, in den sie zur Zukunftssicherung weit vor der eigentlichen „Amortisierung" erhebliche Mittel investieren wollte – weicht nun einer „realistischeren", in Wirklichkeit aber nur kurzsichtigeren Logik, nach der den Bildungsaufwendungen jetzt Bildungserträge, quasi in Form einer direkten Gewinn- und Verlustrechnung, in den jeweiligen Einrichtungen gegenübergestellt werden müssen. So prosperieren inzwischen an den Hochschulen die Bereiche, die auf einen hohen Anteil externer Drittmittel rechnen können. Dem sinnvollerweise wachsenden Kostenbewußtsein steht zwangsläufig ein Verlust an Unabhängigkeit gegenüber, denn das Schielen nach neuen Einnahmen orientiert vor allem auf kurzfristige und eher industrienahe Forschungsziele und erschwert insofern die längerfristigen und objektiveren Forschungsvorhaben.

In den letzten Jahren wurden auch an den deutschen Universitäten erhebliche Mittel in den Kauf von datentechnischen Einrichtungen gesteckt. Das kameralistische Prinzip verführte zu einer Flut von Anschaffungen am Ende des jeweiligen Haushaltsjahres, für die Wartung und Unterhaltung von Geräten und technischen Netzen und insbesondere für die ständig wachsenden „Kommunikations-Gebühren" wurde hingegen kaum Vorsorge getroffen. Exorbitant wachsende Kommunikationsetats könnten jedoch im Rahmen einer allgemeinen Finanzkrise zu einem wahren Alptraum für die deutschen Hochschulen werden. Hier ist ein Umdenken erforderlich: Die Kommunikationsplanung muß rationaler und weniger zufällig erfolgen. Diese Entwicklungsplanung darf aber nicht in den alten Machtzentralen der Hochschulverwaltung erfolgen. Der investive Spielraum von einzelnen Arbeitsbereichen muß durch eine budgetorientierte Abkehr vom kameralistischen Prinzip erweitert werden. Nur die jeweiligen Arbeitsbereiche sind in der Lage, eine realistische etatabhängige Vorstellung von der Notwendigkeit des Ausbaus der kommunikationstechnischen Infrastruktur zu entwickeln, da nur sie einen Überblick über die tatsächlichen qualitativen Verbesserungen durch den Einsatz dieser Techniken bewahren können. Zur Infrastrukturplanung allerdings – und deren Bedeutung wächst ebenfalls! – bedarf es ergänzend eines modernen, klugen und effektiven zentralen Kommunikationsmanagements, mit dem die alten Hochschulverwaltungen jedoch völlig überfordert sind.

Bildung, wem Bildung gebührt – wer zahlt die Zeche?

Studenten sind längst die Hauptträger der Finanzierung ihrer eigenen Bildungsreform geworden. Sie investieren bereits seit einigen Jahren Beträge in der Größenordnung von mehreren tausend DM in den Kauf von Computern, Druckern, Videorecordern oder Anrufbeantwortern, und sie sind es auch, die die wachsenden Telefonrechnungen für den Online-Verkehr bewältigen müssen. Die durch Peter Glotz initiierte Debatte um die Einführung von Studiengebühren (in der Größenordnung von vorerst wenigen hundert DM pro Semester) geht deshalb längst an den wirklichen Problemen vorbei, da der studentische Haushalt an die Grenzen seiner Leistungsfähigkeit gerät, wenn es um die Finanzierung der „Informationsgesellschaft" geht. Studenten sind bereit, für die Bildung zu bezahlen, aber dann muß ihnen über die Mehrwertsteuer hinaus auch ein tatsächlicher Mehrwert in der Bildung geboten werden.

Immer wieder wird dem Einsatz neuer Kommunikationstechniken in der Informationsgesellschaft der Zukunft eine verkehrssubstituierende Wirkung unterstellt. Wenn man allerdings unter den aktuellen Bedingungen daran denkt, daß ein Kunde des Nahverkehrs in Berlin für einen Betrag von knapp 4 DM ungefähr zwei Stunden U-Bahn, S-Bahn, Bus oder Straßenbahn fahren darf, und ein Nutzer des Fernsprechnetzes für den gleichen Betrag nur circa 40-50 Minuten im Ortstarif telefonieren kann, dann erscheint es erst recht unglaublich, daß ein Student, sobald er einen universitätsexternen Serviceprovider für sein Telestudium bucht, für den bereits genannten Betrag privat nur etwa 20 Minuten im Internet surfen kann. Hier muß es in Zukunft deutliche Verbesserungen geben. Momentan kann Studenten das Online-Lernen auf Dauer aus Kostengründen noch nicht empfohlen werden.

Wie wenig ausgeprägt das öffentliche Bewußtsein für die außergewöhnlich hohen privaten Investitionen der Studenten in ihre Ausbildung ist, läßt sich mit einem Konflikt aus der Vorphase des Virtual Colleges verdeutlichen. Hochschulen und Netzbetreiber stritten sich darum, wer denn nun die Zusatzinvestitionen für die Router zu tätigen habe, die für die ISDN-Vernetzung zwischen den Berliner und Brandenburger Hochschuleinrichtungen erforderlich waren. Während die Hochschulen auf ihre leeren Kassen verwiesen, erklärte die Deutsche Telekom, daß sie nicht mehr gewillt sei, neue Dienste oder neue Leistungsmerkmale zum Null-Tarif anzubieten. Erst der Verweis des Leiters der TUBKOM der TU Berlin, der für die technische Infrastruktur des Virtual Colleges verantwortlich zeichnet, auf die enorme Zahl von neuen Einwahlen durch Studenten in die hochschulinternen Rechner, die durch die Öffnung der Systeme generiert wird, konnte den Hauptsponsor des Projektes überzeugen: Die Öffnung der Hochschulrechner für die Studenten bedeutet für die Telekom das gleiche wie eine Lizenz, neues Geld zu drucken. Geld, das vorerst aus den Taschen der Studenten in die Kassen eines Monopolisten wandert.

Entgegen den populistischen Argumenten von berufsbetroffenen Studentenfunktionären und ewig jugendbewegten Hochschuldozenten sind die pragmatisch gesonneneren neuen Studenten bereit, für mehr Leistung auch mehr zu zahlen. Das Mehr an Leistung, das ihnen die Hochschulpolitiker jedoch für die Einführung einer Studiengebühr versprechen, wird an deutschen Universitäten wohl auch in Zukunft kaum geboten werden können. Der Markt für neue Lehrangebote, in den Studenten freiwillig investieren, muß sich aus den gleichen Motivationsquellen speisen, die den Buchmarkt vorangetrieben haben: Spezialisierung und professionelle Qualität.

Der Markt für professionelles Edutainment benötigt deshalb zu seiner Entfaltung noch einige Jahre. Die multimedialen Produkte von heute speisen sich noch formell aus der Fernsehwelt und inhaltlich aus der Welt der Bücher. Eine eigene Multimedia-Ästhetik kann sich nur über einen längeren Zeitraum entwickeln. Denken in Hyper-Links und Meta-texten, inspiriert durch Metaphern in konkreten Bildern, das sind die genuinen Stärken der Multimediawelt. Bevor wir Studenten nicht einen Gratiszugang zur Multimedia-Welt ermöglichen können – was auf Dauer sicherlich sinnvoll und wünschenswert ist! – muß der Online-Verkehr vorerst noch auf das notwendige Minimum begrenzt und der Offline-Verkehr beschleunigt gefördert werden.

Als politisch kaum durchsetzbare Zwischenlösung, um zumindest den aktuellen Online-Verkehr zu verbilligen, bietet sich an, daß der Deutschen Telekom durch die Politiker mehr Spielraum zur Reduktion von Preisen gegeben wird, vorerst im Rahmen einer Erneuerung ihrer Geschäftsbedingungen für einen Sondertarif für den Online-Verkehr mit Schulen und Hochschulen. Die Telekom sollte sich insbesondere darum bemühen, bestimmte Kommunikationsdienstleistungen und Kommunikationsmodi zeit- und volumenunabhängig zu einem bezahlbaren Festpreis anzubieten. Anstatt junge Leute zur Erprobung, Entwicklung und Entfaltung neuer Techniken und Dienste zu ermutigen, bestrafen wir sie vorerst noch durch die Gebührenordnung.

Der Online-Mythos und die Offline-Persönlichkeit

Nicht zufällig nennt sich der neue, langatmige Multimedia-Dienst der Deutschen Telekom, der die Geburtswehen des verfehlten Bildschirmtextdienstes noch immer nicht abstreifen konnte, T-Online. In der Geschichte der Bundesrepublik gibt es nach meiner persönlichen Meinung kein sittenwidrigeres Rechtsgeschäft als dieses unglaubliche und den Ruf der Telekom auf Dauer schädigende Kopplungsgeschäft: Wo gibt es das schon, daß eine Firma, indem sie einen Dienst durch eine veraltete Schnittstellengestaltung weniger übersichtlich und weniger zugänglich gestaltet, durch unnötige und unnütze Wartezeiten im System also, zusätzliches Geld von den Kunden verlangen darf?

Die Telekooperation muß für Studenten finanzierbar sein

Gewinnt die neue Generation von Jugendlichen und Studenten den Eindruck, daß die Telekooperation für sie nicht finanzierbar ist, so wendet sie sich ab von der Entwicklung einer Technik, die nur die jungen Leute auf ein für uns alle akzeptables Niveau schrauben können. Sie sind es, die uns durch ihr Engagement, durch ihre Fehler und ihre Erfahrungen die Technik auf Dauer angenehmer und bedienbarer gestalten können. Sie fressen sich für uns durch den Grießberg, der den Weg in eine offenere Kommunikationsgesellschaft vorerst noch verdeckt.

Die offenere Kommunikationsgesellschaft ist ein sozialer Kultivierungsprozeß, der sich aus dem anthropologischen Bedürfnis nach Individuation und Personalisation speist. Dementsprechend weichen Formen der kontrollierten Mediennutzung, „online" im Kollektiv, immer wieder „Offline"-Systemen mit neuen sozialen Freiheitsgraden. Der in der Runde von Zuhörern öffentlich vorgetragene Mythos konnte vom Leser durch das geschriebene Buch in der Stille der Klosterzelle erstmals individuell rezipiert werden. Auf den Fernsehapparat im Wohnzimmer folgte das personalisierte Fernsehgerät und der Videorecorder. Der gewünschte oder gar ersehnte Telefonanruf erforderte die unmittelbare Ereichbarkeit online. Erst der Anrufbeantworter gab die Offline-Freiheit zurück, erreichbar zu sein trotz Abwesenheit. Die Chipkarte bietet durch ihre Offline-

Speicherung Anonymität im Online-Verkehr, und Agenten im Netz werden Antworten auf unsere Fragen suchen, ohne uns während dieser Zeit online an das Terminal zu binden.

Die neue Generation von Studenten an der Hochschule sucht nur sehr selten neue Formen der Anbindung und Kontrolle im tutoriell gesteuerten Online-Verkehr. Sie will sich vielmehr autonom und schnell neue Kenntnisse verschaffen und sich zudem eine eigene Meinung bilden. Die neue Generation ginge off-line, wenn ihr nur die Möglichkeit dazu geboten würde. Anstatt daß die Nutzer der Onlinedienste während der gesamten Suche nach neuen Daten im Netz verweilen müssen und die Netzbetreiber als Wegelagerer des neuen Lernens hieran verdienen, müßten die Anbieter den Nutzern mehr Spielraum für geeignete „Auszeiten" lassen, wenn sie diese auf Dauer als Kunden an sich binden wollen.

Mehr Unabhängigkeit: Offline

Jedes Hängenbleiben im Netz, jeder Fehler, jedes intensive Lesen und jedes Verweilen während des Online-Lernens muß durch den Studenten teuer bezahlt werden. Zudem ist die neue Multimedia-Welt ein selbstreferentielles System. Der Markt für das teure Online-Tutoring boomt vor allem dort, wo Systeme mit ständig wachsender Komplexität und Kompliziertheit sich selbst erklären müssen. Kein Zufall auch, daß sich die überwiegende Zahl der Lehrveranstaltungen im Virtual College mit neuen Datentechniken beschäftigte. Das „neue Lernen" im Netz ist häufig nur eine kaschierende Fassade für schlecht gestaltete Benutzeroberflächen, ein Reflex auf die Schwierigkeiten, die durch die Anwendungen der neuen Techniken erst entstanden sind. Nur allzu selten gelingt deshalb in den tradierten Wissensbereichen ein neuer qualitativer Sprung in die Welt von Hypertext und Hyperlinks und somit in eine neue vernetzte Denkwelt.

Dedizierte Kommunikation in der Post-Fernseh-Ära

Noch ist die CD-ROM das Leitmedium für Interaktivität, und der Transport einer Videocassette von A nach B wird für einige Jahre der ökonomisch leistungsfähigere Transportweg als die direkte Übertragung von

Lehrveranstaltungen in Breitbandnetzen bleiben. Zu den Binsenweisheiten der Hochschuldidaktik gehört die Tatsache, daß eine Vorlesung umso interessiertere Hörer findet, je mehr in ihr eine vernünftige Mischung aus Unterhaltung und Belehrung gefunden werden kann. Der einfachen Abbildung einer Veranstaltung, oft nur mit einer Kamera ohne Schnitt und Gegenschnitt realisiert, fehlt häufig jede audiovisuelle Dramaturgie. Selbst die rhetorischen Leistungen des Vortragenden gehen dann in der Monotonie der Übertragung verloren. Bild- und Tonträger werden auch in Zukunft für die Lehre ihren Sinn bewahren, weil sie preiswertere und reflektiertere Produkte ermöglichen. Völlig überhastet – online – im „Jetzt" und „Sofort" zu hecheln, ist ein schlechtes Leitbild für das neue Lernen, das vielmehr freie interaktive Wahlen aus gut gestalteten Produkten ermöglichen soll. Der Erfolg des „fast-food" liegt nicht darin, daß es spontan und relativ kurzfristig erstellt wurde. Ihm gehen vielmehr eine genaue Marktanalyse und sein perfekt geplantes und gestyltes Marktgeheimnis voraus.

George Gilder hat unter dem Titel „Life after Television" ein bemerkenswertes Buch geschrieben, das in die gleiche Richtung weist wie der durch unser Institut für Medienintegration vor circa einem Jahr veranstaltete Kongreß „Unterhaltung in der Post-Fernseh-Ära". Nach Gilder ist das Fernsehen „out" und der Computer „in". Gilder hält im Gegensatz zu mir zwar auch das Telefon für eine megaout-Technologie, aber ihm muß sicherlich darin zugestimmt werden, daß die neue Ästhetik des Multimediazeitalters weder durch die klassischen Fernsehgesellschaften noch durch die Telefongesellschaften wirklich erschlossen werden kann. Wenn es stimmt, daß das Leitmedium Fernsehen an Attraktivität und Faszination verliert, die Dauer, die die Zuschauer dem Medium widmen, stagniert oder gar abnimmt und sich die mentale Konzentration auf das Medium im Raume verliert, dann zumindest scheint es plausibel zu sein, daß die jungen Leute, die im interaktiven Medienkonsum wieder praktisch mitmischen wollen, tatsächlich neue und anspruchsvollere Konsumenten als ihre Eltern sind. Sie haben sich mit dem Computer ein neues Leitmedium erschlossen, das sie nun sehr selbstbewußt und dezidiert auch im Hochschulalltag einfordern.

Vom Leitmedium Fernsehen zum Leitmedium Computer

Dediziertes Lernen fördern heißt, eine angemessene Balance aus Unmittelbarkeit und Direktheit zu finden. „Dedication" bezeichnet im Englischen ein Begriffsfeld zwischen Widmung und Hingabe. Immer mehr junge Leute scheinen die klassische Massenkommunikation als zu fade zu empfinden. In der Erlebnisgesellschaft sind Ereignisse gefragt, denen man sich wieder hingebungsvoll widmen kann. Während die direkte Online-Anbindung zudem nur eine ortsgebundene Unmittelbarkeit ermöglicht, wenn auch an wechselnden Orten und Anschlüssen, so erweitert die Offline-Kommunikation unser Verhaltensspektrum erheblich. Gerade die wirklich mobilen Anwendungen sind durch die vorerst noch vorhandene Knappheit an Frequenzen auf deutliche Reduktionen im Online-Verkehr angewiesen. Die Direktheit der persönlichen Ansprache kann selbst dann erhalten bleiben, wenn wir nicht unmittelbar online erreichbar sind. Der Trend von der ortsgebundenen Unmittelbarkeit zur raum-zeitlichen Direktheit ist hier vorgezeichnet. Offline-Techniken eignen sich, um im Datenstreß durch Dekommunikation neue Freiräume zu ermöglichen. Dies erleichtert die oben postulierte intensivere Verwendung von Techniken der Gemeinsamkeit, weil wir direkt untereinander in Verbindung bleiben können, ohne zur unmittelbaren Verbindung gezwungen zu sein. Dediziert gewidmete Formen der Individualkommunikation wachsen in die Refugien der diffusen Massendistribution.

Neue Formen des Lernens werden nur dann Erfolg haben, wenn sie dem Streben einer neuen Generation nach neuen Formen hingebungsvoller Gemeinsamkeit zu entsprechen vermögen. Der Tribalismus der Technokulturen zeigt die allgemeine Wegrichtung. Die Computerkulturen junger Anwendungsspezialisten erstaunen darüberhinaus durch die Ernsthaftigkeit ihrer Kooperation. Jugendkulturen haben der Langeweile schon immer den Kampf angesagt. Ein Großteil der aktuellen Online-Angebote ist nun einmal langatmig und langweilig. Nur euphorisierte Manager, Politiker oder Hochschullehrer ohne Computererfahrung, die die neuen Kommunikationstechniken „zu Tode lieben" (Esther Dyson), merken nicht, wie langsam die neue Medienwelt wirklich ist, die sie mit markigen Worten als „new frontier" im Exportkrieg propagieren.

Statt World Wide Waiting Agenten im Netz

Das ständige Warten auf eine Systemantwort darf nicht zum Normalzustand werden, wenn das Interesse für neue interaktive Lernformen nicht wieder erlahmen soll. Das World-Wide-Waiting läßt sich vorerst selbst an einem PC mit einer breitbandigen ATM-Kopplung kaum vermeiden, da die Bottlenecks des Internets nicht umgehbar sind. Das Routing hat eine zentrale Bedeutung für die Akzeptabilität der Systemantwortzeiten. Studenten sollten deshalb möglichst viele Angebote in „ihrem" Universitätsrechner – oder noch besser in ihrem breitbandigen, regionalen Hochschulnetz – finden, um zur Recherche nicht immer erst aufwendige schmalbandige Verbindungen zu anderen Rechnern schalten zu müssen. Um Antwortzeiten zusätzlich zu verkürzen, sollte vermehrt darüber nachgedacht werden, wie unter den aktuell noch unzureichenden Übertragungskapazitäten beziehungsweise den damit verbundenen hohen Preisen durch eine sparsame Verwendung nur wenig aussagekräftiger Grafiken, Töne oder Bewegtbilder ein Optimum an Übertragungskomfort anwendungsspezifisch erzielt werden kann. Hier kann die Devise zum High-Tech-Hipe sehr wohl lauten: „small is beautiful". Um einen Fahrplan der Bundesbahn zu lesen, ist mir deren Firmensignet, das ich mir neben den Reisedaten gegen eine erhöhte Online-Gebühr auf den Rechner laden muß, nur wenig hilfreich.

Die Lösung der Übertragungsproblematik nun durch eine neue Universalformel zu erwarten, wie ADSL (Asymmetrical Digital Subscriber Loop), bei der durch die technische Komprimierung Videos in Fernsehbildqualität mit 6 Mbit/s über eine konventionelle Telefonleitung übertragen werden können, orientiert mit den Worten von Gilder nur wieder auf die alte Online-Logik des Fernsehens und des Telefons zurück, oder mit den Worten Eli Noams vom Columbia Telecommunications Center: ADSL sei „like feeding vitamins to a horse rather than buying a new truck."

Neue Übertragungswege und Frequenzen werden auf unterschiedlichsten Ebenen frei gemacht. So hat nach Gilder Cellular Vision of New Jersey, der neue „spectrum king of America", bereits jetzt ein neues kabelfreies System realisiert, bei dem 500 Haushalte in Queens 49 Kanäle mit Studio-Videoqualität auf dem 28 Gigahertz Band des elektromagnetischen Spektrums erhalten können, zu einem Preis von 350 $. Die Hochschulen sollten sich deshalb plattformunabhängig vorbereiten auf eine Vielzahl neuer Kommunikationsmöglichkeiten und sich dabei weder auf die Logik der Telekommunikationsindustrie noch auf die des tradierten Bildungsfernsehens und Fernlernens festlegen lassen. Die wichtigsten Innovationspotentiale sind in den qualitativ neuen Kulturen der jungen Anwender selbst zu finden, die in den neuen, wirklich interaktiven Kategorien der Computerwelt zu denken verstehen.

Neue Techniken, die nicht zwingend auf die Verringerung des Datenvolumens angewiesen sind und dennoch mehr Spielraum für Offline-Nutzungen lassen, zeichnen sich bereits ab. So könnten etwa „Agenten" mit unseren Fragen ins Netz geschickt werden. Wir bleiben nur solange online, wie dies für den unmittelbaren Verkehr mit solchen Fragenträgern oder aktiven Problemlösern erforderlich ist. Agenten haben schon immer zur internationalen Machtbalance beigetragen. Ihr grenzüberschreitender Impetus ist in den Reihen kreativer Systemstörer zu spüren. Junge Studenten, die mit Hilfe des Computers kooperierend studieren wollen, stören den Lehrbetrieb auf eine produktive Weise. Wir Dozenten sollten uns bemühen, von diesen jungen Leuten als unseren Agenten des Wissens zu lernen. Ein Kollege im Virtual College formulierte das auf einer amüsanten Zugfahrt einmal folgendermaßen: Studenten sind wie ein ideales Gas. Sie gehen in jeden Winkel. Natürlich sollten wir unseren Schülern, schon zum Selbstschutz, nicht in jede Ecke folgen, aber es lohnt sich tatsächlich, die merkantilen Winkelzüge der Technikapologeten von den nützlichen Facetten der Techniken der Gemeinsamkeit zu unterscheiden.

Die geforderte Erneuerung der Universität muß neue Formen der Telekooperation ermöglichen. Sie setzt jedoch eine universitäre Öffentlichkeit voraus, in der es sich auch ohne neue Kommunikationstechniken lohnt zu zweifeln, zu lernen und zu leben. Anstatt die Universitäten mit High-Tech neu zu tünchen und damit „geputzten Menschen" mehr Spielraum für hohle Multimediarhetorik zu eröffnen, muß sich die innere Erneuerung der Universität die Qualität des urbanen Wissenschaftsver-

Lehrziel
offenes Lernen

ständnisses erschließen, und dieses bedeutet noch immer: Vielfalt in der Mühe des menschlichen Antlitzes. Offenes Lernen – inspiriert durch die ernsthaft erarbeitete Akzeptanz des Anderen – in der schwierigen Konfrontation von Meinung und Gegenmeinung sollte das universitäre Hauptlehrziel sein, anstatt die flinke Replikation des ewig Gleichen per Multiple-Choice-Kurs zu betonieren. Hierfür gibt es jedoch weder eindeutige Rezepte noch effiziente Techniken, nur den riskanten Versuch der Öffnung des akademischen Blicks.

Überall regt sich Bildung und Streben,
Alles will sie mit Farben beleben;
Doch an Blumen fehlt's im Revier,
Sie nimmt geputzte Menschen dafür.
Kehre dich um, von diesen Höhen
Nach der Stadt zurückzusehen.

Johann Wolfgang Goethe, Faust I

Lernen und Lehren im Computernetzwerk

Von Guido Kempter

Neuere Entwicklungen in der Computer- und Netzwerktechnologie eröffnen die Möglichkeit, daß eine Schule oder eine Universität in der virtuellen Realität, dem Cyberspace, kreiert wird und dort existiert. Klassenräume und Hörsäle der Zukunft müssen nicht mehr an Ort und Zeit gebunden sein, sie können im Computernetz von überall her und zeitlich ungebunden aufgesucht werden.

Die moderne Telekommunikation schafft kreative Freiräume für neue Lehr- und Lernsysteme, die an die Bedürfnisse jedes einzelnen angepaßt werden können und in denen die Lernenden entscheidend mitbestimmen können, was und wie sie lernen. Vor allem das Wissenschaftsnetz namens *Internet* gab den Anstoß für die Schaffung dieser neuen Form des virtuellen Unterrichts im Computernetz, und in diesem Netz konnten bereits die ersten Erfahrungen mit einem virtuellen Klassenzimmer gemacht werden.

Versuche, das Internet zu erklären, gibt es viele, doch für Laien, die sich das erste Mal damit beschäftigen, bleiben sie unverständlich. Dieselben Laien haben aber keinerlei Probleme mit dem Telefon. Dabei ist das Telefonnetz, technisch gesehen, kaum weniger kompliziert als das Internet. Beide Technologien helfen den Menschen, miteinander zu kommunizieren. Doch während beim Telefon nur Töne vermittelt werden, wäre ein „Internetapparat" in der Lage, Texte, Töne, Bilder, aber auch Filme und Computerprogramme zu senden und zu empfangen. Zudem könnte man damit elektronische Post abwickeln, eine Videokonferenz abhalten oder eine Radiosendung hören – oder eben ein Telefongespräch führen. So viel ist heute tatsächlich schon möglich, morgen wird es mehr sein. Das

Telefon in seiner jetzigen Form wäre dann eigentlich nicht länger notwendig. Die Entwicklung des Internet, die wir heute erleben, ist jedoch gerade einmal der Anfang. Man kann die heutige Situation vielleicht mit der Erfindung des Buchdrucks vergleichen. Spätestens mit der Erfindung des Rotationsdrucks für Tageszeitungen wurden Printmedien für alle Schichten der Bevölkerung zugänglich, und die Verteilung der neuesten Informationen erfüllte die Funktion der Allgemeinbildung.

Das Internet steht erst am Anfang seiner Entwicklung

Auch der Zugang zum Internet wird in naher Zukunft für viele etwas Selbstverständliches sein und mit großer Wahrscheinlichkeit für Alltägliches genutzt werden. Das Internet mit seinen Möglichkeiten, viele Arten von Information zu befördern und anzubieten, ist sicher eine technische, vor allem aber eine organisatorische Entwicklung, die dem einzelnen neue Chancen zur Bildung seiner Kompetenz und Unabhängigkeit bieten und der Gemeinschaft in politischen und wirtschaftlichen Bereichen neue Gestaltungsmöglichkeiten schaffen wird. Besonders im Bildungsbereich werden sich neue Perspektiven eröffnen, die das ganze Bildungsystem verändern könnten.

Die Folgen der weltweiten Computervernetzung

Die weltweite Vernetzung aller Computer bietet den Menschen völlig neue Möglichkeiten der Kommunikation untereinander und mit externen Datenbanken. Informationen können beinahe beliebig abgerufen werden, jeder Netzteilnehmer ist rund um die Uhr erreichbar – wenn auch nicht immer online. Die Computervernetzung hat heute schon in der Gesellschaft eine Funktion übernommen, die an Wichtigkeit fast alle anderen technischen Kommunikationsmittel wie Telefon und Fax übersteigt. Damit sind natürlich verschiedene, positive und negative Folgen für Individuum und Gesellschaft verbunden, Folgen, die sich vor allem in der Art der zwischenmenschlichen Kommunikation niederschlagen werden.

Zum einen ist die computervermittelte Kommunikation per Netz völlig ortsunabhängig, das heißt die Entfernung beeinflußt nicht die Art der Kommunikation. Die Vernetzung ermöglicht, daß man sich mit vielen Kommunikationspartnern gleichzeitig verständigen kann, wie es sonst nur möglich ist, wenn alle Partner zur gleichen Zeit am gleichen Ort sind.

Diese Art der Kommunikation ist des weiteren unbeschränkt, was die Zahl der Kommunikationspartner betrifft. Auch beeinflussen keine entfernungsabhängigen Kosten das Kommunikationsverhalten, wie es beim Telefon der Fall ist. Denn die digitale Kommunikation mit fertigen Texten belastet das Netz nur kurzzeitig, für wenige Sekunden. Aufgrund der vielen Knotenpunkte im Netz ist es möglich, auch Überseegespräche im Ortstarif zu führen. In vielen Fällen sind Netzdienste sogar kostenlos – eine Tatsache, die beim Telefonieren undenkbar ist.

Die Kommunikation über die Computernetze ist zudem zeitunabhängig. Ähnlich wie bei einem Fax-Gerät ist der Sender nicht mehr darauf angewiesen, daß der Empfänger zum Zeitpunkt der Nachrichtenübertragung am Zielort anwesend ist. Dies gilt ebenso in umgekehrter Weise, wenn ein Netzbenutzer irgendwo auf einem Netzwerk-Server eine Information abrufen möchte. Da gewöhnlicherweise die Computernetze ständig aufrechterhalten werden und so immer die einkommenden Daten speichern, ermöglichen sie einen zeitunabhängigen Zugriff zu fast jeder Art von Information, die erwünscht ist.

Die Netzkommunikation ist weiterhin in Bezug auf die Art und die Menge der Daten, die übermittelt und auf die zugegriffen werden soll, unbeschränkt. Die weltweite Computervernetzung erlaubt den Zugriff auf eine so große Vielfalt von Informationen, daß man davon regelrecht überschwemmt werden kann und die Frage nicht mehr lautet, ob man etwas auf dem Netz findet, sondern wo sich die Daten befinden. Zu allen Bereichen des Lebens werden heute schon im Netz Informationen angeboten, und verschiedene Dienste ermöglichen inzwischen einen sehr einfachen Zugang zu dem Meer an Informationen. Wer über das Netz kommuniziert, kann dabei anonym bleiben. Das Aussehen, der soziale Status, Alter und Geschlecht werden nicht sofort sichtbar.

Im Zusammenhang mit der weltweiten Vernetzung werden heute aber auch verschiedene problematische Folgen diskutiert. Wie man weiß, stellt die Computervernetzung nicht nur eine Ansammlung von Hard- und Software dar, sondern hat durch die neuen Kommunikationsmedien eine eigene *virtuelle Gemeinschaft* geschaffen. Paradoxerweise wird von dieser neuen Form von Gemeinschaft behauptet, daß sie zur Isolation der

Netznutzer führen kann. Jeder Teilnehmer steht zwar über das Netz mit der ganzen Welt in Verbindung, doch bleibt er ohne direkten Kontakt auf der zwischenmenschlichen Ebene. Schon allein die Tatsache, daß die Beschäftigung mit dem Medium Computer sehr viel Zeit kostet, bringt es mit sich, daß für soziale Beziehungen nur noch wenig Zeit zur Verfügung steht. Die Fixierung auf den Bildschirm läßt keine synchronisierende Hinwendung zu einem Partner zu, und der Aufmerksamkeitswechsel zum Partner fällt dem einzelnen nach intensiver Beschäftigung mit dem Computer stets schwer. Darüberhinaus nehmen die Freizeitangebote im Computernetz immer mehr zu.

Die Computervernetzung hat aber auch die Entwicklung einer *virtuellen Kultur* gefördert, die dem kreativen Menschen neue Gestaltungsmöglichkeiten schafft und in gleicher Weise auf uralte Formen der kulturellen Verständigung zurückgreift. Die heutige Gesellschaft ist vor allem durch die Schrift geprägt, die dem Menschen das rationale Erfassen der Wahrnehmungswelt aufzwingt. Die Schrift hat eine zeitliche Linearisierung der Erkenntnisstrukturen gefördert, in der die Durchdringung der Materie nach logischen Regeln erfolgt. Über die computervermittelte Kommunikation wird hingegen das Suchen und Forschen nicht mehr Zeile für Zeile der Schrift folgen, sondern über Gestalterkennung laufen. Wie McLuhan im Jahre 1965 schrieb: „We return to ... the icon". Wir arbeiten uns per Mausklick durch annähernd selbsterklärende, ikongesteuerte Menüoberflächen hindurch. Es ist ein erklärtes Ziel der Mediendesigner, daß der Benutzer intuitiv erfassen können soll, was im jeweiligen Arbeitsschritt zu tun ist.

Erst die Zukunft wird zeigen, ob die durch die Vernetzung thematisierten Probleme individueller und gesellschaftlicher Art auch wirklich eintreffen werden. Dennoch kann man schon heute sagen, daß das Internet und die anderen Netzwerke für die Menschen viele Vorteile bringen und vor allem auch in der Lehre und Ausbildung positive Auswirkungen haben werden. Es wird sich zeigen, ob die Computervernetzung dieselbe progressive Entwicklung durchmacht wie der Buchdruck.

Die Konzeption eines virtuellen Unterrichts

Im Gegensatz zu den klassischen Massenmedien eröffnen die Netze einen
völlig neuen Raum für die zwischenmenschliche Kommunikation auf
internationaler Ebene. Es gibt heute schon an verschiedenen Universitäten Projekte, in denen Studenten mehr oder weniger ausschließlich über
das Internet arbeiten. Projekte wie das Transatlantische Klassenzimmer
der Koerber-Stiftung machen den Dialog zwischen Schülerinnen und
Schülern in Deutschland und den USA via Internet möglich. Solche
„people to people diplomacy" kann nur mit Hilfe elektronischer Netzwerke geleistet werden. Schlechtere Erfahrungen machte eine Grundschule in
den USA, die den Unterricht ausschließlich über Internet anbot und zum
Schulbeginn um Anmeldungen warb. Es gab zu Beginn nur zwei Anmeldungen, so daß man sich fragte, ob der virtuelle Unterricht in der
Grundschule überhaupt realisierbar ist. Auch in Deutschland lassen gegenwärtig bei einigen Projekten, die sich mit virtuellem Unterricht beschäftigen, Erfolgsmeldungen noch auf sich warten.

Dennoch kann man guten Glaubens sein, daß schon aus rein admi-
nistrativen Gründen der Unterricht via Internet weiter zunehmen wird –
zunächst aber vor allem an den höheren Schulen und Universitäten.
Wenn der Vorteil des Frontalunterrichts das Verhältnis zwischen der
Anzahl der Lehrenden und der Lernenden ist, so wird dieser Vorteil vom
virtuellen Unterricht um vieles übertroffen. Durch die Verwendung von
Computernetzen kann man auf lange Sicht enorm viel Kosten einsparen,
da ein Lehrer eine sehr viel größere Zahl an Schülern betreuen könnte.
Doch während im Frontalunterricht der einzelne untergeht, kann im
Internet jeder individuell angesprochen werden und jeder den Lehrenden
adressieren. Aber genauso gut können sich Gruppen bilden, die gemein-
sam an einem Projekt arbeiten, und dennoch kann jeder seinen eigenen
Weg gehen, sich entfalten und kreativ wirksam werden.

Die Vorteile des Einsatzes weltweiter Computernetze im Unterricht
und in der Ausbildung sprechen für sich. Allerdings müssen vorher in
den meisten Fällen noch einige technische Vorbereitungen getroffen
werden. So zählt zu den technischen Mindestanforderungen eines virtuellen Klassenzimmers ein zentraler Server mit mehreren Arbeitsplätzen,

eventuell auch Heimcomputer für Schüler, die über ein Modem mit dem Server Verbindung aufnehmen können, und die entsprechende Software. Dies erfordert zunächst also eine besondere Finanzierung, denn in den meisten Schulen stehen zwar einzelne Personal Computer zur Verfügung, sie sind aber für den heutigen Standard technologisch zu veraltet, um darauf Netzanwendungen laufen zu lassen. Zusätzlich müßten noch Mittel zur Verfügung stehen, damit Lehrerinnen und Lehrer ausgebildet werden können, um die Kinder und Jugendlichen anzuleiten und ihnen einen *kritischen* Umgang mit der modernen Technik zu zeigen. Im weiteren gilt es, die zum Teil immer noch vorherrschende Technologiefeindlichkeit abzubauen. Außerdem müßten Konzepte für die Lehrenden vorhanden sein, die die unterschiedliche geschlechtsspezifische Zugangsweise zu Personalcomputern, den PCs, aufzeigen und entsprechende Hilfen zur Verfügung stellen.

Viele PCs sind veraltet

Bei der Konzeption eines virtuellen Unterrichts müssen vorher auch die Schwierigkeiten behandelt werden, die die Art der Kommunikation in einem solchen Unterricht via Computernetz betreffen. Solche Probleme gibt es viele. Es gilt beispielsweise die Frage zu lösen, ob die technische Kommunikation in Rechnung stellt, daß die Schule eine Institution ist, in der soziale Verhaltensweisen erlernt werden sollen. Schüler und Studenten wollen ungern auf den direkten Kontakt zu ihren Kameradinnen und Kameraden verzichten. Es ist außerdem schwierig zu kontrollieren, ob auch alle Schüler und Studenten sich mit dem Lehrstoff *angemessen* auseinandersetzen. Weitere Schwierigkeiten treten beim Lernen selber auf. So unterschiedlich die verschiedenen psychologischen Lerntheorien sind, sie arbeiten alle mit der Wirkung der Rückmeldung. Der Zeitpunkt der Rückmeldung ist ein wesentliches Unterscheidungsmerkmal der verschiedenen Theorien. Nun zeichnet sich der Gebrauch des Computernetzes vor allem durch seine Zeitunabhängigkeit aus, die zwar in bestimmten Bereichen aktiv eingeschränkt werden kann, aber doch dann Probleme bereitet, wenn für Rückmeldungen ein bestimmter Zeitpunkt festgesetzt werden soll.

Auch das Lernen im Netz bedarf der Rückmeldung

Vor der Umsetzung eines virtuellen Unterrichts ist es notwendig zu überprüfen, ob die angesprochenen Probleme durch die technische Kommunikation gelöst werden können. Das heißt konkret: Kann man den Klassenraum virtualisieren, so daß er noch mit den allgemeinen Lehr- und Lernzielen vereinbar ist?

Unsere Erfahrungen mit der Durchführung eines virtuellen Unterrichts in einem Seminar an der Universität Duisburg zeigen, daß die technische Kommunikation mit Einschränkungen zur Lösung der oben genannten Probleme beitragen kann. So hat man zum Beispiel im Computernetz trotz seiner Textlastigkeit viele verschiedene Möglichkeiten, um non- und paraverbale Merkmale zu vermitteln. Zunächst besteht die Möglichkeit, in den Lehrstoff audiovisuelle Informationen mit einzubinden, die etwa dem Bildtelefon gleichkommen. Wenn die technische Voraussetzung dazu nicht besteht oder akustische Geräusche in einem Computerraum als störend empfunden werden, so ist es möglich, sich lediglich Videoaufzeichnungen oder Bildern zuzuwenden oder sich bei der textuellen Information speziell definierter Zeichen für die nonverbale Kommunikation zu bedienen. Es dürfte auch kein Problem sein, neben der Sachinformation noch auflockernde *Sprüche* und *Witze* einzufügen, die die Lernenden als unterhaltsam empfinden.

Der direkte Kontakt zwischen Menschen ist sicherlich äußerst wichtig und muß ebenfalls durch erzieherische Maßnahmen erlernt werden. Demgegenüber muß man aber gerade heute die Schüler auch erziehen, sich richtig in einem internationalen Computernetz zu verhalten. In naher Zukunft werden immer mehr Menschen mit technischen Kommunikationsmitteln miteinander in Kontakt treten und dabei unter Umständen von ihrem Geprächspartner nichts anderes kennen als dessen Electronic-Mail-Adresse. Im Umgang mit anderen Menschen im Netz ist es manchmal vielleicht hinderlich, wenn man nicht so schnell schreiben kann wie man spricht. Dieser Umstand kann aber gleichzeitig zum Vorteil werden. Durch das Schreiben wird eine Mitteilung mehr strukturiert, gleichzeitig wird ihr eine größere Bedeutung verliehen.

Trotz mancher Kritik, die am Internet und den Projekten zum virtuellen Klassenzimmer geübt wird, gibt es doch ganz entscheidende Vorteile, die das weltweite Computernetz und dessen Anwendung im Unterricht mit sich bringt und die eindeutig für die Nutzung dieser neuen

Technologie in den Bereichen Schule, Hochschule und Ausbildung sprechen. Zunächst teilt die neue Technologie einen einfachen Vorteil mit den Printmedien, daß nämlich die Teilnehmer sich noch nach einer Veranstaltung den Lehrstoff aneignen können, nach Belieben zurückschlagen und sich in den Stoff vertiefen können. Der Umgang mit dem Computer im Internet schafft für den Lernenden darüberhinaus die notwendige Motivation, sich bestimmte Kenntnisse anzueignen. Wie virtuell *Cyberspace* auch immer erscheinen mag, dieser virtuelle Raum ist noch immer um einiges näher an der Realität als übliche schulische Mittel. Electronic-Mail-Gespräche mit englischsprachigen Personen beziehungsweise Schülern sind beispielsweise sicherlich wesentlich interessanter als langweilige Übungen aus dem Englisch-Lehrbuch. Außerdem ist der Nutzeffekt sofort erkennbar, man kann das Erlernte unmittelbar anwenden. Der Unterricht könnte so als sinnvoll empfunden werden und sogar Spaß machen.

Was nun die festen Stundenpläne der Schüler anbelangt, so hat man im Computernetz die ganze Bandbreite von völliger Freiheit bis hin zu festen Zeiten und Orten zur Verfügung, zu denen die Schüler aktiv werden müssen. Ebenso verhält es sich mit der Kontrolle des Lernverhaltens, die gegebenenfalls durch das Nachvollziehen der Aktivitäten einer Identifikationsnummer im Computernetz ersetzt werden kann.

Über das weltweite Computernetz läßt sich auch kooperatives Verhalten einüben. Die Arbeit am Computer führt immer wieder dazu, daß man Hilfe und Unterstützung braucht, man muß ganz einfach zusammenarbeiten und sich helfen lassen, anders geht es nicht. Der einsame, kommunikationsgestörte Hacker ist ohnehin eine Legende.

Durch den Gebrauch der computervermittelten Kommunikation erreicht man auch Kompetenz im Umgang mit Medien und Informationen. Die Fähigkeit, sich gezielt informieren zu können und die Relevanz dieser Informationen bewerten zu können, wird in Zukunft bestimmt nicht weniger wichtig werden. Ein weiterer Pluspunkt des virtuellen Klassenzimmers ist die enorme Kostenersparnis. Im Vergleich zu üblichen Lehrmitteln kann ein Rechnernetzwerk mit Internet-Anschluß – und sei es nur für Electronic-Mail – in einer Schule flexibel und für die unterschiedlichsten Zwecke genutzt werden. Natürlich ist ein Computer etwas teurer als ein Stapel Schulbücher, aber in nicht allzuferner Zukunft wird er so selbstverständlich sein, wie es heute Tageslichtprojektoren sind, nur ungleich nützlicher.

Der Einsatz im Computernetz hat zudem eine integrative Wirkung. Im Gegensatz zur konstruierten Welt der Schulbücher holt das Internet geradezu die Welt in die Schule. Schon heute sind die Inhalte unüberschaubar vielfältig, und außerdem zum allergrößten Teil aus handfesten praktischen Bedürfnissen entstanden. Dies kann sehr wohl Lust machen, mitzumachen und teilzuhaben an dem, was man da sieht, hört und liest. Im Gegensatz zu anderen Medien kann man es auch mit minimalem Aufwand wirklich tun.

Das Internet holt die Welt in die Schule

In Zukunft werden die Internet-Dienste sicherlich so einfach zugreifbar sein, daß niemand mehr das Gefühl haben muß, daß nur eine Computer-Crack-Gemeinde Spaß daran hat und die nötigen Fähigkeiten zur Bedienung mitbringt. Dieser Bereich wird für die kommende Zeit solange einen Boom erleben, bis der Umgang mit der neuen Technologie zur Selbstverständlichkeit für jeden geworden ist. Dann hat sich gesellschaftlich vielleicht ein anderes Gleichgewicht in den Kommunikationsformen eingependelt, und die *Geburtswehen*, wie soziale Isolation, Schwierigkeiten, die anflutenden Informationsmassen zu sortieren und zu selektieren sowie das Verschwimmen der Grenzen zwischen virtueller und realer Welt, werden schon erkannt und eventuell behoben worden sein. Hier könnte die Schule gerade eingreifen, indem sie die Schüler verantwortlich mit dem neuen Medium vertraut macht und auf Möglichkeiten und Grenzen aufmerksam macht. Dem Schüler blieben dann vielleicht viel Frust, aber auch unnötiger Informationswust erspart.

Software zur Gestaltung virtuellen Unterrichts

Mittlerweile gibt es schon eine Vielzahl von Software auf dem Markt, die in einer sehr benutzerfreundlichen Weise die Bedienung des weltweiten Computernetzwerkes Internet zuläßt. Die heutigen Programme haben fast alle eine menügesteuerte und über die Maus zu bedienende Arbeitsoberfläche. Die wichtigsten Internet-Dienste wie das Terminalprogramm Telnet, das Dateitransfer-Protokoll FTP, die elektronische Post E-Mail und das World Wide Web WWW sollen hier anhand von ausgesuchter Software vorgestellt werden. Einen Netzanschluß und die entsprechenden Arbeitsplätze vorausgesetzt, müßte es alleine mit diesen Programmen und der notwendigen Kenntnis zur Bedienung möglich sein, ein virtuelles Klassenzimmer aufzubauen.

Terminalprogramm / Telnet

Das Terminalprogramm Telnet ist einer der ersten Dienste, die im internationalen Rechnernetzes implementiert wurden. Es diente in den Anfängen der Computervernetzung vor allem dazu, auf der Software-Seite die Verbindung zwischen mehreren Rechnern herzustellen. Über das Terminalprogramm Telnet konnte aber eine Verbindung zwischen dem Server und dem Endgerät aufgebaut werden, wodurch die Anwender an den Terminals auf alle Programme und Daten des Großrechners zugreifen konnten. Dieser war und ist heute noch meist mit dem Betriebssystem UNIX ausgestattet.

Obwohl die Speicher- und Leistungsfähigkeit der Rechner in den letzten Jahren immens zugenommen hat, besteht in verschiedenen Fällen weiterhin das Bedürfnis, auf Programme und Daten anderer Großrechner zuzugreifen. Vielfach haben die Nutzer auch einen eigenen Datenbereich auf einem entfernten Großrechner, auf den sie zugreifen wollen. Um auf diese Art die Möglichkeit des Zugangs zu erhalten, muß man zunächst als Benutzer *(user)* eingetragen werden. Dies geschieht einfach dadurch, daß man auf dem Datenträger des Servers einen Platz reserviert bekommt. Dieser Platz ist nichts anderes als ein Verzeichnis *(directory)* auf einer großen Festplatte; der Name dieses Verzeichnisses ist zugleich die Benutzerkennung. Damit der Zugang durch andere Benutzer verwehrt bleibt, wird dem Verzeichnis gleichzeitig ein Paßwort *(password)* zugeordnet.

Mit Telnet kann man nun auf diesen Datenbereich und auf allen Rechnern im Netz so arbeiten, als ob die eigene Tastatur und der eigene Bildschirm direkt am entfernten Großrechner angeschlossen wären. Der Vorgang, mit dem man eine Verbindung zum Netzwerk-Server herstellt, wird als *Einloggen* bezeichnet. Beim Einloggen wird jedesmal die Benutzerkennung und das Paßwort abgefragt. Erst wenn beides korrekt eingegeben wurde, kann man mit dem Betriebssystem arbeiten, allerdings nicht unbegrenzt. Absolute Verfügungsgewalt gibt es nur für den eigenen Datenbereich. Benutzerkennung und Paßwort werden vom Systemadministrator, dem *root*, zugeteilt. Er ist der einzige, der wirklich alles darf. Er wird daher auch als *Superuser* bezeichnet. Auch vom Zugriff auf Benutzerdaten darf er nicht ausgeschlossen werden.

Nach dem Einloggen wird zunächst der verwendete Terminaltyp abgefragt. Bei einem PC ist dies üblicherweise *vt 100*. Hat man den Zugang zum fremden Rechner erlangt, ist von hier aus auch der Zugang zum weltweiten Computernetz Internet über die Dienste wie FTP für den Dateitransfer, E-Mail und die Teilnahme an Newsgroups möglich.

Dateitransfer mit FTP

FTP steht für *file transfer protocol* und ist zugleich der Name des Übertragungsprotokolls sowie deren Anwendung selbst, die dieses Protokoll benutzt, um per Internet Dateien zu übertragen. Es handelt sich um die einfachste und schnellste Methode, um Daten über weite oder auch kurze Strecken zu transferieren. Jeder Benutzer kann auf diese Weise auf eine gigantische Menge an Daten zugreifen.

Die Benutzung von FTP ist, einen Internet-Zugang vorausgesetzt, sehr einfach. Damit Daten zwischen dem PC und einem Großrechner übertragen werden können, ist normalerweise eine Zugangsberechtigung (*account*) für den Großrechner erforderlich. Beim Verbindungsaufbau zum Host wird der User aufgefordert, sich mittels User-ID und Paßwort zu identifizieren. Wer sich mittels FTP auf einem Großrechner eingeloggt hat, kann mit Hilfe einfacher Befehle Daten von einem Rechner zum anderen schicken.

Der Zugriff ist nicht nur auf die Rechner möglich, für die ein Account besteht. Verschiedene Organisationen und Institutionen stellen FTP-Server zur Verfügung, auf die man ohne eigenen Account zugreifen kann. Dieser Dienst ist als anonymous FTP bekannt. Dazu muß man nur die Adresse oder der Name des entsprechenden Rechners kennen und sich mit der User-ID *anonymous* anmelden. Als Paßwort wird im allgemeinen die eigene E-Mail-Adresse angegeben.

Elektronische Post (E-Mail)

Die wohl bekannteste Form der Kommunikation über Computernetzwerke ist der Austausch von Briefen oder Nachrichten auf elektronischem Wege über E-Mail (*electronic mail*). Der Begriff *E-Mail* steht für den Internetdienst zum Versenden von Briefen und für die Nachricht selber. Die E-Mail ist schneller beim Empfänger als die normale Post und billiger als ein Telefonanruf. Ein weiterer Vorteil von E-Mail liegt in der Tatsache, daß Sender und Empfänger nicht zur gleichen Zeit anwesend sein müssen. Als eingetragener Benutzer an einem Server besitzt man auf dessen Festplatte einen eigenen Briefkasten (*mailbox*). In diese Mailbox gelangen die E-Mails, die für den Besitzer bestimmt sind. Wenn sich der Besitzer zu einem späteren Termin in das System einloggt, bekommt er eine Meldung, daß für ihn neue Nachrichten eingetroffen sind.

Bevor man allerdings jemandem eine E-Mail zusenden kann, benötigt man dessen E-Mail-Adresse. Leider gibt es kein Verzeichnis aller E-Mail-Adressen im Netz. Man ist daher auf den Teilnehmer selbst oder auf Verweise im Netz angewiesen. Die Adressen sind fast ausschließlich im Internet-Style dargestellt und werden Domain-Adressen genannt. Ein solche Adressen könnte zum Beispiel lauten: franz@ibm.uni-duisburg.de. Bei dieser Form steht die Benutzerkennung (*franz*) am Anfang der Adresse und vor dem @ (*at*)-Zeichen. Die genaue Adresse des Benutzers steht auf der rechten Seite. Am rechten Ende der Adresse findet man die sogenannte Top-Level-Domain. Die Hierarchie der Domain nimmt dabei von rechts nach links ab. In diesem Fall steht „*.de*" für Deutschland.

Beim Versenden von E-Mails sind im wesentlichen drei Schritte notwendig: die Erstellung des Brieftextes mit Hilfe eines Texteditors, das Vermerken der E-Mail-Adresse des Empfängers und das Absenden der E-Mail. Wie beim normalen Briefverkehr ist es bei dieser Form des Nachrichtenaustausches nicht notwendig, den genauen Weg der E-Mail zum Empfänger zu kennen.

World-Wide-Web und seine Browser (HTTP)

Das bislang neueste Werkzeug im Internet stellt das World Wide Web
(abgekürzt meist WWW oder W3) dar. Das Informationssystem WWW
wurde am CERN, dem Europäischen Labor für Teilchenphysik in Genf, als
ein weltweiter Informationspool entwickelt und seitdem von mehreren
anderen Instituten erweitert. Es entwickelte sich aus den positiven Erfahrungen, die gemacht wurden, als es darum ging, ein Hypertextsystem zu
entwerfen, um die Informationen von Personen an unterschiedlichen
Orten in einem verteilten Projekt zu integrieren.

Während über die E-Mail die interaktive Datenkorrespondenz eingeführt worden war und andere Internetdienste, wie etwa FTP und seine
Weiterentwicklung Gopher, die Integration unterschiedlicher Medien wie
Schrift, Bild, Ton und Video zuließen, ist das WWW, als ein hochentwik-
kelter Internetdienst, besonders auf die Benutzerfreundlichkeit ausgerich-
tet. Die grafische Bildschirmnutzung nach dem Prinzip WYSIWYG (*What
You See Is What You Get*), die gleichzeitige Darstellung mehrerer Medien
in verschiedenen Fenstern des Bildschirmes, entsprechend der *Window-
Technik*, und die einfache Eingabemöglichkeit per Maus machen insbesondere die Freundlichkeit für den Benutzer aus.

Das WWW basiert auf *Hypertext*, was bedeutet, daß beispielsweise
in einem Text am Bildschirm bestimmte Textstellen gesondert markiert
sind, die auf eine Adresse irgendwo innerhalb des Internet verweisen.
Klickt man diese sogenannten Hyperlinks an, werden die Daten dieser
Adresse am Bildschirm dargestellt. Hypertext ist also eine Umsetzung
eines Computernetzwerkes in eine textuelle und grafische Oberfläche am
Bildschirm, und diese Umsetzung ist eben das World Wide Web. Das
Protokoll, das WWW-Server und Client verwenden, um miteinander
kommunizieren zu können, nennt sich *HyperText Transmission Protocol*,
kurz HTTP. Den weltweiten Durchbruch des WWW begründeten aber
eigentlich die *Browser* genannten Programme wie Mosaic oder Netscape.
Diese Client-Software kann den Hypertext darstellen und interpretieren
und baut die Verbindungen zu den WWW-Servern auf. Damit lassen sich
alle Charakteristika eines Hyperdokuments, nämlich die mögliche Integration von Text, Grafiken, Bildern und Sounds, bewundern.

In der Bedienung zeigen alle WWW-Browser sehr ähnliche Funktionen. Dazu gehören vor allem die Navigationsfunktion zum Vorwärts- und Rückwärtsblättern der WWW-Seiten, der Verweis zur eigenen Homepage – der Startseite –, die Option zum erneuten Laden des Hyperdokuments und eine Suchfunktion, um in der gerade geladenen WWW-Seite nach Begriffen suchen zu können. Die aktuellen WWW-Browser oder –Navigatoren haben zusätzlich eine E-Mail-Funktion integriert. Dies ist besonders nützlich für die Gestaltung eines virtuellen Unterrichts, da mit ein und derselben Arbeitsoberfläche Lehrinhalte vermittelt und die Interaktionen zwischen Lehrenden und Lernenden hergestellt werden können.

Damit ein WWW-Browser die hinter einem Hyperlink versteckte Information überhaupt erst findet und weiß, um welche Information es sich handelt, wird eine standardisierte Methode zur Bestimmung des Ortes und der Art dieser Datenquellen benötigt. Im WWW verwendet man dazu die Methode *Uniform Resource Locator*, kurz URL. Ein URL enthält immer die Zugriffsart, den Hostnamen, den Pfad der Verzeichnisse und den Dateinamen der gewünschten Information. URLs beliebiger Web-Seiten können über den Browser auch gezielt aufgerufen werden.

Die Entwicklung der Computernetzwerke sowie immer anwenderfreundlicherer Programme haben dazu geführt, daß der PC im Bereich der Lehre wie in vielen anderen Bereichen auch nicht mehr wegzudenken ist. Wir müssen lernen, mit den Chancen wie mit den Gefahren, die das virtuelle Klassenzimmer bietet, richtig umzugehen.

Von der Mühsal,
ortlos zu werden

Von Ulrich Müller-Schöll

Aller Anfang ist schwer. Solche ABC-Schützenweisheiten sind hier
wieder gefragt. Denn wenn es so etwas wie ein Fazit unseres
Semester-Versuches gab, dann ist es dieses: Mit den neuen
Technologien müssen wir erst mühsam umgehen lernen. Ob am
Ende ein Gewinn steht, ob dieser groß ist – das kann, das wird sich
erst dann zeigen, wenn der Umgang damit zur Selbstverständlichkeit
geworden ist. Um ein Stück solcher Zukunftssouveränität ging es.
Blenden wir zurück. Ein Protokoll des Versuchs zweier Universitäts-
veranstaltungen, über die Datenautobahn in einen gemeinsamen
Weg einzuscheren

Unsere Idee war einfach. Mein Partner in Frankfurt/Oder, Prof. Dr.
Hartmut Schröder, und ich, Dozent an der Freien Universität
Berlin, wollten uns für ein gemeinsames Seminar die Möglichkeiten zunutze machen, die sich uns dank der Unterstützung der Telekom
technisch boten: über eine Standleitung, wie man sie aus dem Rundfunk
kennt, für eine gewisse Zeit mit einem anderen Ort in Ton und Bild so
verbunden zu sein, daß dadurch eine mühelose Kommunikation zustande
kommt. Man kennt das ja aus dem Fernsehen: Da steht etwa der Korre-
spondent in Atlanta im Studio oder am Wettkampfort.

Da steht Sabine Christiansen in Rheinsberg vor einer Menge ver-
sammelter Bürger, und auf der anderen Seite betrachtet sie Ulrich Wik-
kert im Hamburger Tagesthemen-Studio. (Wir Fernsehzuschauer sind die
Dritten im Bunde; diese für unseren Pilotversuch zu sein, lade ich Sie
hiermit ein.) Sie unterhalten sich; dabei schaut Wickert wie durch ein

Fenster zu Christiansen und diese wiederum zusammen mit den versammelten Bürgern auf eine große Leinwand, auf der er zu sehen ist. Für uns also geht es analog darum, von einem Seminarraum zum anderen zu sprechen, als wären diese nicht 80 Kilometer voneinander getrennt, sondern durch ein Fenster miteinander verbunden.

Der thematische Schwerpunkt

Inhaltlich kam uns der Zufall zu Hilfe. Ein solches Projekt ist natürlich erst dann wirklich sinnvoll, wenn die beiden Gruppen nicht nur am gleichen Strang ziehen und dieselben Aufgabengebiete bearbeiten, sondern dies auch noch aus unterschiedlichen Perspektiven tun. Dann hätten sie sich etwas zu sagen – und Kommunikation hätte nicht nur eine technische Seite! Wir sahen bald, daß sich unsere vorgesehenen Themen für das zu der Zeit anstehende Sommersemester zwar nicht deckten, aber methodisch und inhaltlich doch durchaus ergänzten, und zwar auf eine von uns selbst nicht sogleich durchschaute Weise. Ich hatte zuvor in meinen Seminaren in mehreren Folgen unterschiedliche Theorien der Öffentlichkeit im Rahmen von globalen Theorien der Gesellschaft behandelt.

Öffentlichkeit ist dabei, ganz grob gesagt, der Raum, in dem alle nicht-private Kommunikation stattfindet (also über Fernsehen, Radio, Zeitungen, Computerangebote und so weiter, aber auch in Versammlungen oder in Kneipen und Cafés). In diesem Semester wollte ich die Frage aufwerfen, inwiefern es überhaupt noch sinnvoll ist, von der (einen) Öffentlichkeit als homogener Größe zu sprechen. In der gemeinsamen Seminar-Ankündigung für Berlin und Frankfurt/Oder hieß es:

Die fragmentierte Öffentlichkeit

„Dagegen erheben sich, insbesondere im Zusammenhang mit den Neuen Medien (Multimedia), Einwände. Wenn nämlich künftig sich jeder am PC seine eigene Öffentlichkeit baut, indem er sich sein massenmediales Programm selbst zusammensucht, dann wird es unplausibel, von Öffentlichkeit als einheitlichem Ganzen zu sprechen. Öffentlichkeit wäre fragmentiert. Ein Indiz dafür ist das erst junge Wort ‚Öffentlichkeiten‘ (im Plural). Diesem dann vervielfältigten Phänomen widmen sich in letzter Zeit die ‚cultural studies‘ ... Diese Studien sollen im Seminar erschlossen werden.“

Wie von selbst hatte sich also die Fragestellung weg von der Globaltheorie und hin zur konkreten Untersuchung bestimmter Felder verschoben. Dies war ein – sozusagen unbewußter – Schritt in Richtung der in Frankfurt/Oder vorherrschenden kulturwissenschaftlichen Orientierung. Weiter hieß es im Kommentar:

„Konkret muß sich dann die Frage stellen, welche Themen in welcher Weise öffentlich, beziehungsweise ins Private verbannt oder geheimgehalten werden. Insofern ist eine Kehrseite dessen, was öffentlich wird, das, was in der Öffentlichkeit tabuisiert wird. Von dieser Seite nähert sich dem Gebiet der Öffentlichkeit das Seminar von Prof. Schröder in Frankfurt/Oder.“

Öffentlichkeit und Tabu als zwei Schlüsselbegriffe, die sich demselben Problemfeld aus unterschiedlichen Blickrichtungen nähern – dies schien das ideal verbindende Thema.

Der institutionelle Rahmen

Den äußeren Rahmen dafür fanden wir vor. Kurz zuvor war ein neues Institut mit dem Ziel gegründet worden, einen Beitrag zur Integration der sich entwickelnden neuen Medien in Lehr- und Lernmethoden zu leisten. Dieses „Institut für Medienintegration“ (IMI) begreift sich selbst als eine nicht ortsgebunde, insofern *virtuelle*, wesentlich durch ein Telekooperations-Netz verbundene Organisation.

Hervorgegangen aus verschiedenen privaten Initativen, hat es sich zunächst einmal wirtschaftlich-technische Ziele gesetzt. Denn unter „Medienintegration“ versteht es den Auf- und Ausbau „telematischer“ Netzinfrastrukturen und die Entwicklung von darauf basierenden Dienstleistungsangeboten. Allerdings waren sich die Initiatoren von Anfang an bewußt, daß die interpersonelle Medienkommunikation vor allem auch neue humanwissenschaftliche Kommunikationsmodelle erfordert. Künftig würden Massen- und Individualkommunikationsformen zusammenwachsen. Mit der Bindung an Funk und Printmedien, mit der Konzentration auf Zuschauer-, Hörer- und Leserforschung habe sich die Massenkommunikationsforschung selbst Fesseln angelegt. Gegenüber klassischen Medien- und Mediennutzungsmodellen fordert es, sich neu auf eine allgemeinere Kommunikationstheorie zu besinnen.

Das Institut, in dem bereits neben der „Viadrina" von Frankfurt/Oder und der FU auch die Humboldt-Universität, die TU Berlin und die Universität Potsdam sowie Unternehmen wie Telekom, Detecton und Alcatel-SEL projektorientiert kooperieren, hat mit Kongressen, Workshops und Verbundprojekten vielfältige erste Initiativen entwickelt. Im letzten Oktober wurde das bisher ambitionierteste Projekt des Instituts vorgestellt: das sogenannte Virtual College – eine „virtuelle" Universität in Berlin und Brandenburg, die ihren Ort jedoch mit „ISDN, Datex-J und Internet" angibt. Studenten sollen hier neue „Lernwelten" erschließen. Unter anderem ist geplant, die Möglichkeit zu schaffen, in Audiovisions-Pools nach Belieben in multimedialen Lehrangeboten zu stöbern. Zur Prüfungsvorbereitung sollen etwa abgespeicherte Vorlesungen per Modem auf den PC-Bildschirm geholt werden können. Doch sind eben hier keinerlei Grenzen gezogen – und es sind auch noch keine Grenzen identifizierbar! Hier also fanden wir den natürlichen Rahmen für unser Projekt, und wir wollten die Möglichkeiten so weit wie möglich ausschöpfen.

Zum einen scherten wir mit unserem Seminar in das laufende Programm des Virtual College ein, insofern wir uns verpflichteten, die Seminarplanung, unsere Absichten, die heranzuziehende Literatur, Protokolle der jeweiligen Sitzungen und schließlich auch die Hausarbeiten der Studenten auf dem Internet-Server des Virtual College für alle potentiellen Benutzer zugänglich zu machen.

Damit unterschied sich unser Projekt freilich – jedenfalls im Prinzip – nicht von all den anderen Veranstaltungen, die im Internet ihren Niederschlag finden sollten. (Unser Programm ist einsehbar unter: http://viadrina.euv-frankfurt-o.de/~sw2/ .) Die Technik, mit der wir, wie oben beschrieben, wirklich neues Lehr- und Lern-Terrain betreten wollten, die Standleitung nämlich und die erforderlichen Endgeräte für eine Videokonferenz, sollten die Telekom und Sony gerade noch rechtzeitig zu Semesterbeginn liefern.

Auch dies klingt zunächst nicht weiter revolutionär – ist doch, wie

Die virtuelle Universität im Internet

eingangs erläutert – das Vorgehen im Prinzip durchaus bekannt. Zwischen der prototypischen Erprobung mit den Möglichkeiten, die den Massenmedien zur Verfügung stehen, und der Durchführung im Alltag der Massen selbst besteht allerdings in der Praxis eine schwerlich zu überschätzende Kluft.

Sinnfällig wird das, wenn man sich die Dimensionen vor Augen hält, die das normale und das Bildtelefon voneinander trennen. Das Bild, das gegenüber dem herkömmlichen Telefonieren als kleine Zutat erscheint, benötigt hundertfache Kapazitäten. Benutzt man, was mit gewisser Software heute schon möglich ist, das Internet nicht zum Transfer von Schrift und Bildmaterial, sondern als Bildtelefonleitung, so geraten auch die leistungsstarken Leitungen, heute jedenfalls, schnell an ihre Grenzen und der Stau ist vorprogrammiert. Bis solche Übertragungsmöglichkeiten für alle die Regel sein werden, wird noch so manches Gigabyte die Datenautobahn durchsurft haben.

Die Technik

Allerdings hat – davon waren wir überzeugt – unser Unternehmen dennoch seinen Sinn. Denn wenn die technischen Möglichkeiten erst einmal eingerichtet sein werden, wird dies einen gewaltigen Einfluß auf das Arbeiten gerade auch der Geistes- und Sozialwissenschaftler und auf das Lernverhalten in den Schul- und Universitätszentren haben. Einüben in die Techniken heißt dabei nicht nur und nicht in erster Linie: sich anpassen, sondern vor allem: einen den Lehr- und Forschungszielen angemessenen Weg finden. Daß dies keine leicht zu bewältigende Aufgabe ist, war erahnbar – und so mußte denn auch gegenüber den Teilnehmern der Seminare immer wieder betont werden, daß dieses Pilotprojekt mit Frust, Schweiß und Tränen verbunden sein würde.

Die Probleme begannen schon mit den vier Einführungssitzungen, die zeitgleich stattfinden mußten, obwohl das Semester in Berlin früher begann; ein weiteres Problem war es, den festen Termin in der Woche auf einen gemeinsamen Tag zu legen.

Sie häuften sich, weil heute die wenigsten, der Verfasser schließt sich selbst nicht aus, mit den erforderlichen Techniken vertraut sind, deren Nutzung also immer mit ihrer Erschließung zusammenfällt. Nicht zu reden davon, daß die Installationen von Telekom und Sony, obwohl ohnehin nur für zwei Semester geplant, letztlich doch nicht termingerecht installiert wurden. Da wir andererseits entschlossen waren, das Projekt – einmal angeschoben – nun auch durch die Bahn zu ziehen, suchten wir nach technischen Ersatzmöglichkeiten. Wir beschlossen, notfalls statt einer Video- auch eine Audio-Konferenz zu akzeptieren. Hartmut Schöder, der zuvor in Finnland lehrte, hatte dort schon Erfahrungen gemacht mit Übertragungen, die aus Kapazitätsgründen nur Standbilder zuließen.

In der Not nutzten wir die Technik von vorgestern

Wir mußten letztlich den Standard auf ein Niveau herunterschrauben, das nun tatsächlich auch schon vor zwanzig Jahren erreichbar gewesen wäre: Wir bauten ein Telefon von Siemens mit der freundlichen Hilfe des Hotline-Services zu einer Sprechstation um, so daß die Teilnehmer über ein Mikrofon mit langer Schnur sprechen konnten und uns schließlich über die normale Telefonleitung ein mittels eines tragbaren Stereogerätes, eines sogenannten Gettoblasters, verstärkter, allerdings leicht brummender Ton erreichte. Hier hatten wir im Osten einen echten Standortvorteil: In unseren Reihen befand sich eine in DDR-Zeiten zur Fernmeldetechnikerin ausgebildete Studentin, die sich nicht hatte träumen lassen, daß sie noch einmal zum Lötkolben würde greifen müssen, und dies um ein bundesrepublikanisches Pilotseminar zu retten! Die Lötstellen, die sie uns schuf, waren grundsolide.

Die Probleme

Danach sollten dann die technischen Vorkehrungen endgültig hinter die Inhalte zurücktreten. Als es in der ersten gemeinsamen Sitzung vor allem darum ging, daß uns der Ton, wenigstens aus einer Richtung, aus Frankfurt/Oder erreichte, wurde denn auch der Inhalt – obzwar im Frontalstil vorgetragen – gut verstanden. In Frankfurt dagegen hatten sich die Techniker des Hauses um die Anlagen bemüht, Seminarpraxis und Übertragungstheorie klafften auseinander, es gab schwer zu entwirrende technische und (dienst)zeitliche Abstimmungsprobleme, aber auch Wakkelkontakte und Unsicherheiten in der Schuldzuweisung, so daß sich in

zwei folgenden Sitzungen all solche Störungen wie Mehltau über die
Vorträge schoben und die Nerven – trotz aller Vorwarnungen und guten
Absichten – zunehmend blank lagen.

Zugegeben, die Mehrzahl die Störelemente dürfte den improvisier-
ten Verhältnissen zuzuschreiben sein. Aus all den Wirrnissen ließen sich
dennoch wertvolle Schlüsse für eine Phänomenologie solch medienvermittelter Lern- und Lehrverhältnisse herausfiltern. Selbst wenn die Au-
dio-Kommunikation reibungslos verlaufen wäre (etwa wie in einem über
Lautsprecher übertragenen Gruppen-Telefongespräch), selbst wenn per
Video die jeweils sprechenden Teilnehmer sichtbar gewesen wären, hätten sich die technischen Mittel doch als ein nicht unbedeutendes Hindernis erwiesen. Damit ist nicht nur die Schwelle gemeint, die sich für alle
Teilnehmenden schon mit dem notwendigen Griff zum Mikrofon auftat.
Solches hat ja auch seine konzentrationsfördernden Wirkungen, die sich
mit den hervorgerufenen Hemmungen vielleicht sogar die Waage halten.
Schwerer wog die Tatsache, daß gemeinsame Grafiken und vor allem:
gemeinsam *erstellte* Grafiken (wie etwa jeder herkömmliche Tafel-An-
schrieb) auf dem gegenwärtigen Niveau nur schwer zu ermöglichen
waren. Aber selbst von diesen Schwierigkeiten abgesehen, bleibt immer
noch das Hauptproblem: eine – ungewollte – Solidarisierung und Identi-
tätsbildung der Teilnehmer auf den jeweiligen Seiten (Berlin beziehungs-
weise Frankfurt/Oder). Was der Dozent sonst höchst erfreut begrüßt hätte,
nämlich die Ausbildung einer gemeinsamen Identität dadurch, daß Mittel
und Methoden zur Erreichung des Seminarziels gemeinsam definiert
werden, verschärfte sich in diesem Fall in der Abgrenzung gegenüber
dem Anderen, sprich dem ortsfernen Partnerseminar. Dies steigerte sich
bis zu latenten Agressionen. Es wurde, mit anderen Worten, deutlich, daß
sich eine fruchtbare Zusammenarbeit nur dann erreichen lassen würde,
wenn entweder die Basis der Zusammenarbeit auf sehr abstraktem Niveau gehalten oder wenn die Möglichkeit geschaffen würde, daß sich die
Teilnehmer beider Seminar(teil)e zunächst erst einmal treffen, um sich als
gemeinsame Gruppe zu konstituieren. Der von uns geplante „normale"
Seminarablauf per medienvermittelter Kommunikation zerbrach daran.
Zuletzt sank die Aufnahmebereitschaft für die fernvermittelten Inhalte

auf den Nullpunkt, und um überhaupt noch etwas Sinnvolles zu tun, konstituierten die beiden Seminare unabhängig voneinander Sitzungen mit Notprogrammen. Der positive Effekt auf Berliner Seite war immerhin, daß Fragen solcher Identitätsbildungen, wie die Frage nach einem typisch „Berliner" Vorgehen, explizit gestellt und thematisch vertieft wurden.

Das Finale

Erst ein gemeinsames Seminarwochenende rettete das virtuelle Seminar

Als hoffentlich rettendes Finale wurde zunehmend ein zunächst eher als Zugabe gedachtes gemeinsames Seminarwochenende herbeigesehnt, auf das sich nun zunehmend die Erwartungen verlagerten. Von Beginn an geplant, sollten hier ursprünglich nur die Ergebnisse ausgewertet und Erfahrungen ausgetauscht werden. Weiterhin hatten wir uns viel von einer per Video zugeschalteten Expertin in Öffentlichkeits- und Tabufragen versprochen, ein Experiment, auf das wir in diesem Stadium erschöpft verzichteten. Statt dessen wurde daraus ein Blockwochenende, bei dem die Teilnehmer aus Berlin in Frankfurt/Oder und im benachbarten polnischen Slubice auf das Gastfreundlichste empfangen wurden, mit einer Wärme und mit einem persönlichem Einsatz, der die (zugegeben: mehr konstruierten als wirklich entstandenen) Gräben im Nu zuschüttete. Viele sorgfältig ausgearbeitete Referate wurden gehalten – begleitet von gemeinsamen Pausen, die gerne, fast gierig, zum Austausch von studienort- und landesspezifischen Erfahrungen genutzt wurden (in Frankfurt/Oder stammte die große Mehrheit der teilnehmenden Studenten aus dem benachbarten Polen). Die technischen Probleme, sonst omnipräsent, tauchten hier naturgemäß nicht auf und waren deshalb bald vergessen.

Das Fazit

Unnötig, noch einmal darauf hinzuweisen, daß – um des uneingeschränkten Lehr- und Lernerfolgs willen – generell die Technik so weit wie möglich in den Hintergrund treten und daher so reibungslos wie nur irgend möglich ablaufen muß. Wie und ob das ohne geschultes Personal und gewartete Einrichtungen, also ohne hohen finanziellen und personellen Aufwand, möglich ist, wird sich zeigen. Unser Fazit darüber hinaus lautete: Wenn ein solches Pilotprojekt gelingen soll, muß es im universitären Lehr- und Lernbetrieb gerade auch gruppendynamisch vorbereitet werden – möglichst durch ein Treffen der beteiligten Gruppen *vor* Beginn der technisch vermittelten Sitzungen. Im Lehr- und Lernbetrieb – anders als in ähnlichen Veranstaltungen der Massenmedien – zehren die Teilnehmenden wesentlich vom persönlichen Kontakt mit ihrem entfernten Gegenüber, der gleichsam als Polster über die abstraktere Situation hinweghelfen muß. Das gilt sicher nicht nur für Seminare, sondern auch für (geplante) Video-Vorlesungen, die ja aus dem gemeinsamen (Leidens-)Kontext des (Un-)Verstehens und (Nicht-)Nachvollziehens, des (überzogenen) Respekts vor dem Stoff und der (unangemessenen) Furcht vor der Autorität des Dozenten herausgehoben sind, wenn sie von den Studenten nicht in einer Gruppe gehört und gesehen werden. Daß dieser Aspekt in der Euphorie über die technische Entwicklung oder, so nicht vorhanden, in der Eigendynamik des technischen Problemfeldes untergeht und weitgehend übersehen wird, dürfte sich auch schon an unserem bescheidenen Versuch gezeigt haben. Es bedarf also einer durchdachten Pädagogik der neuen Technik, der Einübung in den Umgang mit ihr und eines Trainings, das die Nebenfolgen beachtet – auch dann, wenn heute noch nicht feststeht, welche Konzepte sich für solche Projekte anbieten und wie das Trainingsprogramm dafür aussehen wird.

Es bedarf einer Pädagogik der neuen Technik

Innovation universitären Lehrens und Lernens durch Multimedia, Hypermedia und Internet

Von Ludwig J. Issing

Was vor wenigen Jahren noch als Zukunftsmusik und Phantasterei abgetan wurde, ist jetzt Wirklichkeit: multimediales Lernen und Teleteaching via Telekommunikation finden inzwischen auch an deutschen Universitäten statt. Hochschulkongresse befassen sich mit dem „Virtuellen Campus" oder dem „Virtuellen College", und die Presse berichtet über virtuelle Seminare.

Noch sind solche Aktivitäten Einzelfälle wie beispielsweise die Initiative an den Universitäten Mannheim und Heidelberg, in der bereits ein Kooperationsvertrag zum gemeinsamen Teleteaching geschlossen wurde, mit dem Ziel, Vorlesungen auf elektronischem Wege auszutauschen. So können zum Beispiel Studierende der Heidelberger Universität eine Einführungsvorlesung der Universität Mannheim zum Thema „Rechnernetze" in Heidelberg an einer Großleinwand im Hörsaal mitverfolgen. Eine Kameraeinstellung zeigt den Dozenten, eine zweite Kameraeinstellung die Tafelanschrift oder Bilder und Filmeinblendungen. Über Mikrophon können die Heidelberger Studenten Fragen an den Dozenten in Mannheim stellen, ganz als ob sie direkt im Heidelberger Hörsaal säßen. Umgekehrt können Studierende in Mannheim an einer Physikvorlesung aus Heidelberg teilnehmen. Künftig sollen die betreffenden Vorlesungen auch im Computernetz der beiden Universitäten abgelegt werden, so daß sie zeitversetzt von den Studierenden individuell nachgearbeitet werden können.

Was mit diesem Projekt erprobt wird, ist Ressourcen-Sharing zwischen den Hochschulen mittels Telekommunikation. Wenn die Studierenden diese Lehrveranstaltungen künftig über ein ISDN-Terminal sogar von zu Hause abrufen können, kommt auf studentischer Seite eine erhebliche Zeit- und Fahrtkosteneinsparung hinzu. Könnte am Ende Teleteaching und Studieren via Datenleitung das Lehren und Lernen an den Hochschulen revolutionieren und die Lösung vieler Probleme der Hochschulen bringen?

Medien in der Hochschule

Medien jeglicher Art, angefangen von bildlichen Darstellungen, Büchern und Modellen, dann Tonaufzeichnungen, Rundfunksendungen, Filme, Fernsehsendungen und Videoaufzeichnungen bis zu Computersimulationen, Multimedia-CD-ROM- und Virtual Reality-Programmen haben Eingang in die Hochschullehre gefunden oder sind dort sogar weiterentwickelt worden. Erinnert sei nur an die exzellenten Film- und Videoproduktionen des Instituts für den Wissenschaftlichen Film (IWF) in Göttingen oder des Instituts für Film und Bild in Wissenschaft und Unterricht (FWU) in Grünwald bei München. Die Medien dieser und anderer Institute wurden und werden an den Hochschulen zur Unterstützung der Lehre – wenn auch mit abnehmender Tendenz – eingesetzt. Funkkollegs über Radio, Telekollegs über Fernsehen oder das Fernstudium im Medienverbund (FIM, Universität Erlangen/Nürnberg) und die Studienangebote der Fernuniversität Hagen haben die Hochschullehre in Deutschland in den vergangenen Jahrzehnten bereichert, selbst wenn häufig nur Teile dieser Angebote, wie etwa die Begleithefte zu den Sendungen, von den Studierenden bearbeitet oder von Dozenten heimlich als Grundlage für ihre Vorlesungen herangezogen wurden.

Obwohl also von derartigen Initiativen im Medienbereich viele hochschuldidaktische Impulse ausgegangen sind, haben die Medien, abgesehen von der Verdrängung der Tafel durch den Tageslichtprojektor, das Lehren und Lernen an den Hochschulen nicht grundsätzlich umzuge-

stalten vermocht. Seit dem Mittelalter haben sich Lehr- und Lernformen
an den Universitäten nur wenig verändert. Die Vermittlung der Lehrin-
formation durch die Dozenten in Vorlesungen, das ergänzende selbstän-
dige Erarbeiten von Informationen aus Büchern und Fachzeitschriften,
die Diskussion wissenschaftlicher Theorien und Erkenntnisse in Seminaren, das angeleitete wissenschaftliche Arbeiten in Praktika und Projekten,
die Lernunterstützung in Tutorien und Sprechstunden und schließlich die
Überprüfung des Wissens und des wissenschaftlichen Arbeitens in Ex-
amina zählen nach wie vor zu den bewährten Studienformen an der
Hochschule.

Es ist interessant, daß in der Entstehungsgeschichte der technischen
Medien von beinahe jeder neuen Technologie zunächst starke Veränderungen im Bildungsbereich erwartet wurden. Dies war beispielsweise
nach der Einführung des Farbfernsehens der Fall: Im Jahre 1969 hatten
das Kultusministerium Rheinland-Pfalz und das ZDF konkrete Pläne zur
Gründung eines Universitätsfernsehens mit dem Ziel, im Verbund verschiedener Medien – beabsichtigt waren die Medien Buch, Lehrbrief,
Hörfunk/Tonband, Fernsehen/Film, Gruppenarbeit und Tutorensystem –
und in der Verknüpfung von Fernstudium und Direktstudium eine Inten-
sivierung der Lehre und didaktische Innovation zu erreichen. Zur Entwicklung der Studienprogramme sollte damals in Zusammenarbeit aller
interessierten Hochschulen sowie der Rundfunk- und Fernsehanstalten
ein interuniversitäres Zentrum gegründet werden; vorgesehen war hierfür
der Ausbau des Deutschen Instituts für Fernstudien (DIFF) an der Universität Tübingen. Die Realisierung dieser Pläne scheiterte jedoch am Wider-
stand der Universitäten.

Welche Innovationen universitären Lehrens und Lernens sind aufgrund der vorausgegangenen Geschichte der Bildungsmedien von den
neuen Informations- und Telekommunikationstechnologien wie Multimedia, Hypermedia und Internet zu erwarten? Was ist das Neue an diesen
„neuen" Medien? Können diese Medien das Lehren und Lernen qualitativ
fördern?

Multimediales Lernen

Unter Multimedia versteht man das integrierte Angebot bisher getrennter Einzelmedien – wie zum Beispiel Textseiten, Tonsequenzen, Standbilder, Animationen, Film, Video, Simulationen und Virtual Reality – auf einer einzigen Benutzerschnittstelle, nämlich dem Computerbildschirm. Multimedia ist daher mehr als der traditionelle Medienverbund, bei dem weiterhin getrennte Einzelmedien lediglich zusammengeschaltet und gleichzeitig auf mehreren Bildschirmen präsentiert wurden. Eine weitere Eigenschaft von Multimedia ist die Interaktivität, also die Möglichkeit für den Nutzer, mit dem Informations- beziehungsweise Lernangebot am Computer zu interagieren.

Aus medienpsychologischer beziehungsweise –didaktischer Perspektive kann man also aufgrund der *Multimodalität* von Multimedia für die Präsentation der jeweiligen Informationen den jeweils am besten geeigneten Sinnesmodus beziehungsweise –kanal (Hören, Sehen, Tasten, Fühlen und so weiter) oder eine geeignete Kombination derselben, wie gleichzeitiges Hören und Sehen, ansprechen. In manchen Programmangeboten hat sogar der Lernende die Wahl, seinen individuell bevorzugten Präsentationsmodus frei zu wählen. Durch diese Adaptivität der Informationsdarbietung soll eine Optimierung der Aufmerksamkeit, der Informationsrezeption und des Behaltens erreicht werden. Empirische Befunde zum Effekt multimodaler Informationspräsentation liegen entgegen landläufiger Annahme jedoch erst vereinzelt vor. Belegt ist beispielsweise, daß die gleichzeitig visuelle und akustische Darbietung eines Lehrtextes als angenehmer empfunden wird und zu besserem Lernen und Verstehen führt als die nur visuelle oder nur akustische Darbietung, daß die kombinierte Darbietung aber eine längere Lernzeit erfordert.

Ebenso interessant wie die Multimodalität von Multimedia ist für die Mediendidaktik die *Multikodierung*, das heißt die Möglichkeit, unterschiedliche Kodierungsformen oder Symbolsysteme zu realisieren. Hier geht es beispielsweise darum, ob eine Information in Form eines Textes, einer Grafik oder eines Bildes, eines Films oder einer Simulation vermittelt wird. Jedes dieser Symbolsysteme verlangt vom Lernenden eine andere Art von Dekodierung und führt daher zu unterschiedlichen inne-ren Kodierungen und mentalen Operationen. Es ist daher die Aufgabe von Mediendidaktikern, bei der Entwicklung von Lehr- und Lernmedien jeweils die Kodierungsform oder Kombination derselben zu benutzen, die im Hinblick auf die von den Lernenden erwarteten kognitiven Leistungen am geeignetsten sind. Ein Text führt beim Lernenden zunächst zu einer propositionalen, das heißt sprachlich-logischen Repräsentation, aus der er dann für sich ein mentales Modell konstruieren kann. Anders ist es bei einer bildlichen Darbietung wie etwa einer Grafik, die über die bildliche Vorstellung eine relativ direkte Konstruktion eines mentalen Modells erlaubt. Unter mentalen Modellen versteht man Mischformen aus bild-haften und propositionalen Repräsentationen, mit denen vor dem „inne-ren Auge" quasi bildhaft gedacht werden kann. Diese Form des Denkens wird von Neulingen in einem Wissenschaftsbereich oder bei besonders schwierigen Problemen gewählt. Daher ist in diesen Fällen die alte didak-tische Forderung nach Veranschaulichung besonders relevant. Abstrak-tes, schlußfolgerndes Denken dagegen bedient sich eher propositionaler Repräsentationsformen. Adaptive Lehrangebote sollten daher multiple Kodierungen anbieten, so daß der Lernende die seinem Lernstand ent-sprechende Kodierungsform während des Lernprozesses individuell wäh-len und kombinieren kann.

Bildliche Darstellungen werden von den Lernenden in der Regel als motivierender und interessanter erlebt als Texte und daher im allgemei-nen bevorzugt. Bilder werden in der Regel auch besser erinnert als Texte. Entscheidend für das Verstehen von wissenschaftlichen Zusammenhän-gen ist aber die mentale Anstrengung, mit der der Lernende eine Infor-mation bearbeitet. Die Kombination von Texten und Bildern erscheint daher besonders effektiv für das Studium; allerdings kommt es dabei sehr auf die Art der bildlichen Darstellungen - wie Abbildungen, analogiehaf-te Bilder oder grafische Darstellungen - an und auf deren Eingliederung in den Text.

Das dritte Kennzeichen von Multimedia ist die *Interaktivität*. Multi-modale und multikodierte Lernangebote eröffnen dem Lernenden eine Vielzahl von Lernaktivitäten. Die Möglichkeiten zur Interaktion be-schränken sich natürlich nicht auf die Auswahl von Multiple Choice-Fragen; vielmehr hat der Lernende beispielsweise die Möglichkeit, Parameter zu verändern, unterschiedliche Lösungsansätze zu realisieren, zwischen multiplen Kontexten oder Perspektiven einer Problemsituation zu wählen oder in virtuelle Welten einzutauchen. Interaktion führt zu einer höheren Lernmotivation, zu einer intensiveren mentalen Auseinandersetzung mit dem Lerngegenstand, manchmal sogar zu einem Flow-Erleben.

Insgesamt gesehen hat sich für das Verstehen wissenschaftlicher Informationen die didaktische Methode der Vermittlung als wichtiger erwiesen als die Art der Präsentation. Die Mediendidaktik spricht daher vom Vorrang der instruktionalen Methode vor den Präsentationsweisen. Das wird besonders deutlich bei hypermedialen Lernangeboten.

Lernen mit Hypermedia

Hypermedia gestattet dem Nutzer den flexiblen Zugriff auf multimediale Informationsknoten in beliebiger Reihenfolge. Obwohl die Hypertextstruktur ursprünglich für die rasche Informationssuche entwickelt wurde, hat sie sich auch für Lernzwecke als geeignet erwiesen. Hypermedia besitzt ein noch nicht voll erforschtes Potential für selbstgesteuertes, problemorientiertes Explorieren, Analysieren, Umstrukturieren und Verknüpfen von Informationen aller Art. Potentiell kann das gesamte Weltwissen in hypermedialen Strukturen abgelegt und zugänglich gemacht werden. Für Teilbereiche des Wissens lassen sich hypermediale Lernwelten realisieren, in denen sich der Lernende – befreit von der Last der Informationsbeschaffung – kognitiv nach Belieben bewegen und mit den Informationsbausteinen kreativ „spielen" kann.

Die Euphorie über diese seit den achtziger Jahren entwickelte neue Lernbasis wurde inzwischen durch medienpsychologische Untersuchungen etwas gedämpft. Ablenkung vom gesteckten Lernziel, informationelle Kurzsichtigkeit, konzeptionelle Desorientierung, Verlorengehen im Hyperspace und Verfehlen einer kohärenten Wissensstruktur waren die häufigsten Probleme, die beim Lernen mit Hypertext auftraten. In den Untersuchungen hat sich immer wieder bestätigt, daß Lernende nur dann erfolgreich mit hypertextuellen und hypermedialen Informationsangeboten lernten, wenn sie über ein hohes Maß an Selbststeuerung und über ausreichende Kompetenz zum selbständigen Lernen verfügten. Das bedeutet, daß die Lernenden in der Lage sein sollten, ihr Lernen selbständig zu planen, zu organisieren, Motivation und Konzentration aufrechtzuerhalten, ihre Lernhandlungen zu kontrollieren und zu korrigieren sowie ihre Lernergebnisse zu bewerten und Konsequenzen daraus zu ziehen. Der Erwerb der Fähigkeit zu hypermedialem Lernen wird künftig bereits in der Oberstufe des Gymnasiums zu einem Lernziel werden müssen, um die Schüler adäquat auf diese Art des Studierens vorzubereiten.

Aber auch bei der Entwicklung und Handhabung von Hypertext/Hypermedia-Angeboten können Vorkehrungen getroffen werden, um das Lernen zu fördern. Konkrete Gestaltungsvorschläge betreffen das Einfügen sogenannter kognitiver Landkarten der Informationsstruktur, das automatische Anzeigen des zurückgelegten Lernwegs und des gegenwärtigen Standorts, das Einfügen von adaptiven Lernhinweisen, von Notizblockfunktionen, von Zusammenfassungen, von Lerndiagnosen und von Anleitungen zum Concept Mapping sowie von Anleitungen zu metakognitiven Aktivitäten über das eigene Lernen. Aus diesen Anmerkungen wird bereits deutlich, daß die Entwicklung von Hypertext/Hypermedia keine leichte Aufgabe darstellt, so daß Teamarbeit von Fachwissenschaftlern, Mediendidaktikern und Medien-Informatikern zu empfehlen ist.

Als technisches Trägermedium für Hypermedia hat sich die CD-ROM bewährt. An Weiterentwicklungen wird allerdings bereits gearbeitet. Das Angebot an hypermedialen Lern-CD-ROMs ist weltweit stark im Wachsen; noch überwiegen eher lexikalische Angebote wie geographische Atlanten, geschichtliche Zusammenstellungen, medizinische Nachschlagewerke und Enzyklopädien. Aber bald werden auch auf dem deutschen Markt CD-ROMs zur Einführung in wissenschaftliche Disziplinen und in die Methodenlehre angeboten werden. Dies wird Konsequenzen für die Lehre an den Hochschulen nach sich ziehen. Der Hochschullehrer als Vermittler von Grundlagenwissen wird an Bedeutung verlieren zugunsten der Vermittlung von spezialisiertem Wissen sowie zugunsten der Lernberatung und Anleitung zum wissenschaftlichen Arbeiten. Die Lern-CD-ROMs werden zunächst eher ergänzend und als Prüfungsvorbereitung inoffiziell unter den Studierenden verbreitet und genutzt werden, bis sie allmählich als offizielle Ergänzung und schließlich als Ersatz für Einführungsvorlesungen anerkannt und auch in den Computerlabors beziehungsweise Bibliotheken der Hochschulen vorgehalten werden. Danach wird das CD-ROM-Angebot in geeigneten Fächern wie Wirtschaftswissenschaft, Medizin, Physik, Psychologie, Erziehungswissenschaft auch auf Bereiche des Hauptstudiums ausgeweitet werden. Als Produzenten werden vor allem Großverlage oder auch Medienkonzerne in Zusammenarbeit mit fachwissenschaftlichen Gesellschaften auf nationaler und internationaler Basis agieren, da Hypermedia-Produktionen mit einem erheblichen Entwicklungs- und Kostenaufwand verbunden sind, der nur bei einem breiten Abnehmerkreis rentabel ist.

Lernen via Internet

Das Internet gilt als das bedeutendste Datennetz der Welt. Die deutschen Hochschulen sind über das Wissenschafts-Netz des DFN-Vereins (Deutsches Forschungs-Netz) angeschlossen, so daß den Dozenten und Studierenden ein kostenloser Zugang gewährt wird. Außerhalb der Hochschule bieten kommerzielle Dienstleister wie America Online, CompuServe oder Microsoft (MSN) über eigene Rechnersysteme auch Zugang zum Internet.

Problematisch ist die Netzüberlastung, die besonders am Nachmittag und frühen Abend auftritt, wenn durch Millionen von gleichzeitigen Nutzern vor allem in den USA Engpässe in der Datenübertragung auftreten. Der Zugriff auf elektronische Ton-, Bild- und Film-Archive ist wegen der knappen Bandbreite der Telefonleitung meist nur in den Nachtstunden zu empfehlen. In Deutschland kommen noch die relativ hohen Telefongebühren als Hindernis für zeitaufwendiges Suchen im Internet hinzu, so daß multimediale Angebote im Internet zur Zeit noch keine große Rolle spielen können.

Das Internet bietet eine Reihe von Diensten an – wie E-Mail für den persönlichen asynchronen Austausch von Informationen, News für News Groups, Talk für die synchrone Kommunikation zwischen zwei Internet-Nutzern, Internet Relay Chat (IRC) für die synchrone Kommunikation zwischen vielen Nutzern, Multi User Dungeon (MUD) als interaktive, textbasierte Spielumgebung, File Transfer Protocol (FTP) für das Übertragen von Dateien jeder Art, Telnet für das Einloggen in einen entfernten Rechner, Gopher als integriertes Informationssystem und World Wide Web (WWW) als Informationssytem auf Hypertext/Hypermedia-Basis. Erst das WWW, das 1989 am Europäischen Kernforschungszentrum in Genf entwickelt wurde, hat den Internet-Boom und die weltweite Diskussion um die Datenautobahn ausgelöst. Durch eine einheitliche grafische Benutzerschnittstelle entfällt beim WWW die Eingabe komplizierter Programmkommandos. Navigationshilfen und sogenannte Suchmaschinen erleichtern die Informationssuche im Internet. Erfahrungen mit Studierenden haben gezeigt, daß die Nutzung des Internet, insbesondere von E-Mail und WWW, in wenigen Tagen erlernbar ist; auch das Erstellen einer Homepage und anderer WWW-Dokumente bereitete den Studierenden keine allzu große Lernschwierigkeit.

Das Internet ist grundsätzlich als Informationsmedium und nicht als Instruktions- oder Lernmedium konzipiert. Dennoch sind im Internet auch Vorlesungsskripte, Kursangebote, tutorielle Systeme, Lehrbücher, Lernprogramme, Übungs- und Prüfungsaufgaben, Lexika und mehr zu finden. Das Internet wird als optimales *kognitives Lernwerkzeug* für selbstorganisiertes, individuelles Lernen bezeichnet. Die einfach zu bedienende grafische Benutzeroberfläche des WWW regt den Nutzer geradezu an zum Suchen nach Informationen, zum Vergleichen, zum Analysieren und zum Ergänzen. Da das WWW eine Hypertext-Struktur aufweist, sind auch hier prinzipiell alle positiven und problematischen Gesichtspunkte zutreffend, die bereits für das Lernen mit Hypertext/Hypermedia aufgeführt wurden. Allerdings gewährt das Internet im Vergleich zu einer Sammlung von CD-ROMs den Online-Zugriff auf eine unvorstellbar große Menge weltweit verfügbarer Daten und aktueller Informationen. Viele dieser Informationen werden permanent aktualisiert; schon heute bekommt man über das Internet in der Regel Informationen schneller als über andere Publikationen und herkömmliche Dienste.

Das riesige Angebot an Informationen wird von Internet-Kritikern wie Neil Postman als Bedrohung für den einzelnen und die Menschheit angesehen. Wir sehen in der Informationsfülle eher die Herausforderung zur Selektion und gezielten Informationsverarbeitung; denn nur die Be-

Die Möglichkeit zur sozialen Interaktion

herrschung und Handhabung der modernen Informationsmedien als Kulturtechnik führt zu einer informierten Gesellschaft. Auch insofern ist das Internet ein exzellentes Lernmedium für das Management des eigenen Wissens. Als wesentliche Erweiterung im Vergleich zu Hypertext/Hypermedia auf CD-ROM-Basis kommt beim Internet die Möglichkeit zur *sozialen Interaktion*, das heißt zur *Kommunikation* hinzu. Diese kann über die Internet-Dienste wie E-Mail, News, Talk oder IRC realisiert werden. Erfahrungen aus dem Bereich des Fernstudiums haben gezeigt, daß für erwachsene Lerner kooperatives Lernen und soziale Interaktionen unverzichtbar sind für das Aufrechterhalten der Lernaktivität und für den Erfolg des Lernens; die beträchtlichen Abbrecherquoten etwa an der Fernuniversität Hagen sind zum größten Teil auf diesen Faktor zurückzuführen.

Über Internet lassen sich prinzipiell fast alle Lerndienste realisieren, die man sich für das Studium wünschen kann: das Angebot vielfältiger Informationen in multimedialer, hypertextueller und hypermedialer Form einschließlich Simulationen und Virtuellen Räumen; das Anbieten von Problemstellungen, Fragen, Übungsaufgaben, Lernprogrammen und Literatur; die Möglichkeit, Bücher über E-Mail in der Universitätsbibliothek zu bestellen; Anleitungen zur Gruppenbildung und Gruppenarbeit; die Möglichkeit, Nachrichten über E-Mail an Kommilitonen zu senden und von ihnen zu empfangen, Nachrichten an Tutoren, Dozenten und Experten zu senden und von ihnen zu empfangen oder eine Videokonferenz mit Dozenten und Experten zu führen – und so weiter.

Studienformen dieser Art werden gegenwärtig an Universitäten in aller Welt erprobt. Bekannt wurde zum Beispiel das Virtuelle College an der School of Continuing Education der New York University. Hier wird Teilzeit-Studierenden in New Yorker Firmen die Möglichkeit geboten, über Internet unter Verwendung von Computer-Konferenzen, Bildtelefon, Telekooperation und individueller Betreuung durch den Dozenten per Computer-Talk mehrere Telekurse zu absolvieren, die für das Magister-Studium voll anerkannt werden.

Ein ganz anderes Beispiel für die Integration des Internet in das Direktstudium wird von der University of Virginia berichtet. Hier wird

das Internet für die Distribution und Bearbeitung von Lehrmaterial erprobt. Dazu wurde das Lehrprogramm „Net Frog" als Simulationsprogramm für den Biologie-Unterricht entwickelt. Es gibt eine systematische
Anleitung für das virtuelle Sezieren eines Frosches. Das Programm soll
Millionen von Fröschen das Leben retten und gleichzeitig Oberschülern
und Studenten weltweit eine dem realen Sezieren gleichwertige Übung
vermitteln. Die Programmautoren berichten, daß das Programm in den
ersten 17 Monaten seit dem Release im Internet weltweit durchschnittlich
2.285 mal pro Woche abgerufen worden ist und daß die Rückmeldungen
durchwegs sehr positiv waren.

In der Mehrzahl der zugänglichen Internet-Projekte wird kein voller
Ersatz des Direktstudiums angestrebt sondern eine Ergänzung desselben;
die Vorzüge des Lernens über Internet werden erprobt und in das Direktstudium integriert. In den USA sieht man als praktische Vorzüge der
Integration des Lernens über Internet in das Direktstudium in erster Linie
die Kommunikation per E-Mail zwischen Dozenten und Studierenden,
weil dadurch auf beiden Seiten Zeit und Fahrten eingespart werden; ein
weiterer Punkt ist das Verteilen von Studienmaterial wie Zeitschriften-
Artikel und Aufgaben über das Netz, weil dadurch Kopierkosten entfallen. Als didaktische Vorzüge des Lernens über Internet gelten insbesondere die Erleichterung der Kommunikation in kleinen Lernergruppen bei
der Durchführung von Studienprojekten, der gegenseitige Austausch und
die Diskussion von Arbeitsergebnissen der Studenten, und schließlich die
Einübung der Fähigkeit zur Recherche, Selektion und Verarbeitung von
Informationen zu Lösung einer gestellten Aufgabe. Gerade der Erwerb
dieser Fähigkeit wird in einer 1996 vom Bundesministerium für Bildung,
Wissenschaft, Forschung und Technologie herausgegebenen Studie zum
lebenslangen Lernen als Schlüsselqualifikation bezeichnet.

Fazit

Die neuen Technologien Multimedia, Hypermedia und Internet bieten
eine Fülle von Potenzen für die Verbesserung des universitären Lehrens
und Lernens. Ihre Realisierung ist allerdings zum Teil mit einem erheblichen technischen, finanziellen und didaktischen Aufwand verbunden,

Der Vorsprung
der USA

der zumindest in Deutschland von den Hochschulen bei den derzeitigen, immer geringeren personellen und finanziellen Ressourcen nur in Ausnahmefällen oder bei entsprechender Drittmittelfinanzierung erwartet werden kann. Eine bundesweite Kooperation der Hochschulen für eine intensive Nutzung der Informations- und Kommunikationstechnologie in Lehre und Studium ist nicht in Sicht. Es ist daher abzusehen, daß hypermediale CD-ROM-Lernprogramme aufgrund ihrer hohen Entwicklungskosten vorwiegend als Kooperationsprojekte großer Lehrbuchverlage beziehungsweise Medienkonzerne in Zusammenarbeit mit wissenschaftlichen Fachgesellschaften oder Wissenschaftlergruppen initiiert werden und nur dann rentabel sind, wenn sie international an einer großen Zahl von Hochschulen eingesetzt werden können. Für die USA zeichnet sich hier ein Vorsprung ab; es ist nur noch eine Frage der Zeit, bis US-amerikanische Konsortien hypermediale CD-ROM-Lernprogramme für den Schul- und Hochschulbereich auf dem europäischen Markt anbieten werden. Die Programmangebote für das Studium werden zunächst den Bereich der Einführung in wissenschaftliche Disziplinen im Grundstudium abdecken, so daß sich der Schwerpunkt der Dozententätigkeit stärker auf die Beratung und Betreuung der Studierenden und auf die Einführung in das wissenschaftliche Arbeiten verlagern kann.

Das Lernen im Internet wird eher zur Ergänzung des Direktstudiums und nicht zu dessen Ersatz genutzt werden. Hier gibt es an einigen deutschen Hochschulen konkrete Initiativen in Richtung auf eine innere und äußere Öffnung des Studiums in virtuellen Lernräumen. Die Vorzüge des Internets für den Erwerb der Kompetenz zum Recherchieren, Auswählen und Verarbeiten von Informationen zur Lösung wissenschaftlicher Aufgaben werden einen starken Innovationsimpuls auf die künftige Gestaltung des Direktstudiums auslösen. Die direkte Vermittlung von Wissen durch Dozenten und das bloße Rezipieren von Informationen, das bisher weite Teile des Studiums bestimmte, wird immer mehr in den Hintergrund treten zugunsten des Erwerbs von Lernkompetenz und zugunsten des Verstehens übergreifender Zusammenhänge in einem vernetzten Denken.

Lernumgebungen mit Neuen Medien gestalten

Von Gabi Reinmann-Rothmeier und Heinz Mandl

Neue Wortschöpfungen wie „Telekooperation", „Teleteaching" oder „virtuelles Lernen" signalisieren, daß die Neuen Medien der bisherigen Bildungspraxis nicht einfach nur weitere Lehr- und Lernmöglichkeiten hinzufügen, sondern gänzlich neue Bildungsformen bereitstellen und gleichzeitig ein Umdenken beim Lehren und Lernen erfordern.

Neue Medien – hinter dieser griffigen Umschreibung stecken Schlagworte wie *Multimedia, Datenautobahn* oder *digitale Welten,* Schlagworte, die inzwischen fast schon zum Standardjargon von Politikern, Unternehmern, Wissenschaftlern und Wirtschaftsexperten gehören. Gemeint sind die verschiedensten Ausprägungen und Anwendungen neuer Informations- und Kommunikationstechnologien, die unsere Gesellschaft zunehmend beeinflussen und verändern und dabei auch vor dem Bildungssektor nicht halt machen.

Das Neue an den Neuen Medien läßt sich hauptsächlich auf drei Aspekte konzentrieren: Zu nennen sind hier erstens die parallele Präsentation und Integration von Daten, Text, Grafik mit Audio, Animation und Video (Stichwort Multimedia), zweitens die lokale und globale Vernetzung von Computern mit der Möglichkeit orts- und zeitunabhängiger Kommunikation und Kooperation (Stichwort Datenautobahn) und schließlich – drittens – die Interaktivität zwischen Benutzer und System sowie umfangreiche Manipulationsmöglichkeiten bis hin zur Simulation von Handeln in realen Umgebungen (Stichwort digitale oder virtuelle Welten).

Was von Neuen Medien für das Lernen zu erwarten ist

Die Neuen Medien haben in der Tat viel zu bieten. Allein die bekanntesten Anwendungen und Programmtypen dürften genügen, um zu demonstrieren, daß die Neuen Medien ein gewaltiges Potential für neue Formen des Lehrens und Lernens bereitstellen: So bieten Hypertext- und Hypermediasysteme dem Lernenden die Möglichkeit, die verschiedensten Informationen abzurufen und dabei den Lernablauf selbst zu bestimmen und zu sequenzieren. Durch die nichtlineare Verknüpfung von Informationen steht es dem Lernenden frei, nach aktuellem Bedarf und Interesse von einer Information zur nächsten zu springen; auf diese Weise lassen sich individuelle Wissensnetze aufbauen.

Simulationsprogramme, Planspiele und fallbasierte Lernprogramme versetzen den Lernenden mit Hilfe multimedialer Präsentationstechniken in authentische Situationen und Problemstellungen, in denen der Lernende selbst aktiv wird: Er muß die Problemsituation erfassen, Hypothesen aufstellen und überprüfen sowie Lösungswege finden und durchführen; er kann die Umgebung explorieren und die Wirkung seiner Manipulationen unmittelbar erleben; er hat die Möglichkeit, sein Wissen anzuwenden und auszuprobieren, wie diese Anwendung funktioniert. Computernetzwerke wiederum bieten die einmalige Chance, unabhängig von Ort und Zeit mit anderen zu kommunizieren und zu kooperieren. Über globale Netze wie das Internet können Menschen aus aller Welt miteinander in Kontakt und Kooperation treten. Mit verschiedenen Software-Systemen läßt sich die gemeinsame Arbeit an Aufgaben und Projekten via Datennetz inzwischen auch gezielt fördern und unterstützen.

Mit ihren vielfältigen Präsentations-, Interaktions-, Manipulations-, Simulations- und Kooperationsmöglichkeiten wecken die Neuen Medien die Erwartung, daß Lernen künftig motivierender, interessanter, aktiver, konstruktiver und effektiver wird als es bislang war. Eine Erwartung, die – wie wir noch sehen werden – durchaus berechtigt ist, und die dennoch zur Vorsicht mahnt: Technologische Errungenschaften sowie kreative Ideen, diese zum Zwecke des Lernens einzusetzen, sind wichtig, aber nicht ausreichend. Was wir für die Zukunft brauchen, ist zunächst eine

Neue Medien wecken
Erwartungen

angemessene Lernphilosophie, eine begründete Vorstellung davon, wie
Lernen abläuft und am besten gefördert und unterstützt werden kann.

Die Schwächen der traditionellen Lernphilosophie

Quer durch alle Bildungseinrichtungen machen die meisten Lernenden
auch heute noch die Erfahrung, daß Lernen freudlos und fremdgesteuert
abläuft. Frontalunterricht, Auswendiglernen, strenge Fächergrenzen, Prü-
fungsstreß – die Liste der Unannehmlichkeiten ließe sich weiter fortsetzen. Es hat eben *Tradition*, daß der Lehrende den erklärenden, lenkenden
und damit den aktiven Part übernimmt, während den Lernenden eine
weitgehend rezeptive, passive Position zuteil wird. Dieser traditionellen
Auffassung zufolge vermittelt der wissende *Lehrer* dem unwissenden
Schüler objektive Fakten, Zahlen und Regeln; es findet eine Art Wissens-
transport statt, der eine präzise Planung sowie eine systematisierte
Durchführung und Kontrolle des Lehr- und Lerngeschehens notwendig
erscheinen läßt. Nun ist es natürlich nicht so, daß eine solche Wissensvermittlung keinerlei Nutzen hätte. Es gibt durchaus Lernsituationen, in
denen ein traditionelles Vorgehen angemessen und effektiv ist, etwa
wenn man Lernenden einen ersten Überblick über ein Fachgebiet geben
oder Experten in ein neues Spezialgebiet einführen will. Doch eine uni-
versale und unreflektierte Umsetzung der traditionellen Lernphilosophie
hat gravierende Schwächen: Wer stets nur rezeptiv, linear, systematisiert
und von außen stark angeleitet lernt, der verliert mit der Zeit nicht nur
Motivation und Interesse, sondern erwirbt in vielen Fällen auch *träges
Wissen* – ein Wissen, das zwar theoretisch gelernt, aber in realen Situationen nicht angewendet wird. Es liegt auf der Hand, daß der Einsatz
Neuer Medien unter Beibehaltung der traditionellen Lernphilosophie
kaum mehr als *neuer Wein in alten Schläuchen* ist. Doch es gibt eine
Alternative, und diese beruht auf konstruktivistischem Gedankengut.

Die Stärken der konstruktivistischen Lernphilosophie

Übereinstimmend wird heute mehr denn je gefordert, daß sich Lernen
nicht auf den Erwerb reproduzierbaren Faktenwissens beschränken darf.
Erwartet werden vielmehr Handlungskompetenz und die Fähigkeit, Ge-

lerntes flexibel zu nutzen. Gefragt sind zudem Schlüsselqualifikationen wie die Fähigkeit zu selbständigem, lebensbegleitendem Lernen sowie kommunikative und kooperative Fertigkeiten.

Vor dem Hintergrund solcher Erwartungen und Forderungen sollte Lernen aktiv und konstruktiv sein, es sollte in konkreten Situationen erfolgen und zudem selbstgesteuerte und soziale Anteile enthalten – Merkmale, die einer gemäßigt konstruktivistischen Auffassung vom Lernen entsprechen. Aus konstruktivistischer Sicht ist die traditionelle Frage nach der reinen Wissensvermittlung zweitrangig; primär geht es darum, wie Wissen vom Lernenden konstruiert wird und in welcher Verbindung dieses Wissen zum Handeln steht. Die sogenannte Situated cognition-Bewegung hat in besonderem Maße dazu beigetragen, daß sich im Bereich des Lehrens und Lernens zunehmend konstruktivistische Annahmen durchsetzen, etwa die Überzeugung, daß Wissen sowohl individuell als auch im sozialen Austausch konstruiert wird, sowie der Grundsatz, daß sich Denken und Handeln von Individuen und Gruppen nur im Kontext verstehen läßt. Aktivität, Konstruktivität und Kontextbezug sowie Selbststeuerung und Kooperation – damit besteht die Chance, wieder Interesse und Freude in das Lernen zu bringen, was in traditionellen Kontexten so oft verloren geht.

Konstruktivistische Gestaltungsprinzipien

Im Gegensatz zur traditionellen Lernphilosophie stehen in der konstruktivistischen Auffassung weniger das Lehren und Fragen der Didaktik im Mittelpunkt des Interesses als vielmehr das Lernen selbst sowie die Idee der Anregung und Förderung der Lernenden. Wer Lernprozesse in Gang setzen und unterstützen will, der kann sich an einigen Prinzipien orientieren, die sich aus einer Reihe konstruktivistischer Ansätze (zum Beispiel: Anchored Instruction, Cognitive Flexibility oder Cognitive Apprenticeship) ableiten lassen und sich dort als sehr erfolgversprechend erwiesen haben.

Zum einen ist an dieser Stelle das situierte und an authentischen Problemen orientierte Lernen zu nennen. Ausgangspunkt von Lernprozessen sollten authentische Probleme sein – Probleme, die aufgrund ihres

Realitätsgehalts und ihrer Relevanz dazu motivieren, neues Wissen oder neue Fertigkeiten zu erwerben. Die Lernumgebung ist so zu gestalten, daß sie den Umgang mit realistischen Problemen und authentischen Situationen ermöglicht und anregt. Der Vorteil: Situiertheit und Authentizität sichern einen hohen Anwendungsbezug beim Lernen. Ein weiteres, sich aus konstruktivistischen Ansätzen ableitendes Prinzip stellt das Lernen in multiplen Kontexten und unter multiplen Perspektiven dar. Um zu verhindern, daß das Gelernte auf eine bestimmte Situation fixiert bleibt, sollten dieselben Inhalte in verschiedenen Kontexten gelernt und zudem aus unterschiedlichen Blickwinkeln betrachtet werden. Die Lernumgebung ist so zu gestalten, daß Kenntnisse und Fertigkeiten unter mehreren Perspektiven erlernt und angewendet sowie auf andere Problemstellungen übertragen werden können. Der Vorteil: Multiple Kontexte und multiple Perspektiven sichern große Flexibilität bei der Anwendung des Gelernten.

Auch die Bedeutung des Lernens in einem sozialen Kontext wird durch konstruktivistische Ansätze unterstrichen: Lernen darf nicht ausschließlich als individueller Prozeß erfolgen – gemeinsames Lernen und Arbeiten von Lernenden und Experten im Rahmen situierter Problemstellungen sollte Bestandteil möglichst vieler Lernphasen sein. Die Lernumgebung ist so zu gestalten, daß sie kooperatives Lernen und Problemlösen in Gruppen ermöglicht und fördert. Der Vorteil: Der soziale Kontext sichert den Beginn einer *Enkulturation* im Sinne einer sozialen Einbindung in die Expertenkultur.

Für das Einlösen konstruktivistischer Prinzipien dieser Art sind die Neuen Medien geradezu prädestiniert. Ihre bereits skizzierten facettenreichen Möglichkeiten in Fragen des Präsentierens, Interagierens, Manipulierens, Simulierens und Kooperierens machen Dinge realisierbar, die auf traditionelle Weise zu zeitaufwendig, zu ineffektiv, zu gefährlich oder schlicht nicht durchführbar wären. Das reicht beispielsweise von der Anwendung betriebswirtschaftlichen Wissens in realitätsnahen Situationen in der Rolle eines Unternehmers über das Einüben diagnostischer Fertigkeiten anhand authentischer Fälle aus dem Klinikalltag bis zur Simulation experimenteller Eingriffe in ökologische Systeme. Hinzu kommen die Zugriffsmöglichkeit auf unendliche Mengen an Information und Expertenwissen sowie die derzeit explodierenden Chancen, über globale Netze geografische, zeitliche und soziale Barrieren der Kommunikation zu überwinden.

Wo Konstruktion der Instruktion bedarf

Es reicht allerdings nicht aus, Lernenden nur multimedial präsentierte Geschichten oder Fälle anzubieten, sie in komplexe Situationen oder Ereignisse zu verwickeln oder ihnen riesige Datenbanken zur Verfügung zu stellen. Lernumgebungen müssen dafür sorgen, daß Lernende nicht überfordert werden, daß sie bei Bedarf Anleitung und Unterstützung erhalten und daß sie bei der Nutzung Neuer Medien nicht im *hyperspace* verloren gehen. Empirische Ergebnisse und praktische Erfahrungen machen zunehmend deutlich, daß Lernende in allen Lernumgebungen neben Freiraum für konstruktive und explorative Aktivitäten auch gezielte Hilfen brauchen und wünschen. Das gilt auch oder gerade für Lernumgebungen, die mit Neuen Medien gestaltet werden, also zum Beispiel für das Lernen mit Hypertextsystemen und verschiedenen Formen von Simulationen und Planspielen oder für das Lernen mit fallbasierten multimedialen Lernprogrammen. Welche instruktionale Hilfen in welcher Form sinnvoll sind, dazu gibt es schon einige Erfahrungen. Der Cognitive Apprenticeship-Ansatz zum Beispiel, der für ein Lernen in Anlehnung an die traditionelle Handwerkslehre plädiert, beinhaltet ein Methodenrepertoire, das sich zur Anleitung und Unterstützung aktiv-konstruktiven Lernens in computerunterstützten Lernumgebungen bereits als fruchtbar erwiesen hat.

Lernende benötigen gezielte Hilfen

Zentrale Lernqualitäten im Informationszeitalter

In einer Gesellschaft, die sich durch rasante wissenschaftliche und technologische Fortschritte auszeichnet, sind lebensbegleitendes Lernen und kooperatives Problemlösen notwendige Voraussetzung für die Weiterentwicklung des einzelnen und der Gemeinschaft. Autonomie, Selbstbestimmung und Eigenverantwortung einerseits sowie gegenseitige Unterstützung, Erfahrungsaustausch und Zusammenarbeit andererseits sind im privaten wie im beruflichen Alltag von zunehmender Bedeutung. Zusammen mit dem wachsenden Einfluß konstruktivistischer Ansätze in Psychologie und Pädagogik und dem speziellen Lehr- und Lernpotential Neuer Medien haben diese Entwicklungen dazu beigetragen, daß Selbststeuerung und Kooperation als zentrale Lernqualitäten unserer Zeit bezeichnet werden können.

Mit Neuen Medien selbstgesteuert lernen

Wer selbstgesteuert lernt, trifft eigene Entscheidungen über Ziele, Inhalte, Medien und Methoden seines persönlichen Lernvorhabens. Selbststeuerung beim Lernen impliziert Eigenaktivität, Eigeninitiative und Eigenverantwortung; aus einer konstruktivistischen Sicht des Lernens gehören selbstgesteuerte Aktivitäten geradezu zum Wesen jeden Lernens. Medien haben für das selbstgesteuerte Lernen schon immer eine große Rolle gespielt.

Mit Aufkommen des Computers hat sich vor allem das sogenannte Computer Based Training (CBT) schnell zu einem weit verbereiteten Selbstlernmedium etabliert. Im Vergleich zu CBTs stellen natürlich Hypertext- und Hypermediasysteme sowie Planspiele, Simulationen und fallbasierte Programme weit höhere Ansprüche an Autonomie und Selbstbestimmung. Hier zeigen sich allerdings auch die Grenzen des selbstgesteuerten Lernens: Weder alle Inhalte noch alle Lernenden eignen sich gleichermaßen für selbstgesteuertes Lernen mit Neuen Medien. Gerade das, was die Selbststeuerung so auszeichnet, nämlich die großen Spielräume für eigene Entscheidungen beim Lernen, kann sich auch zum Bumerang entwickeln. Auch hier gilt folglich: Lernen muß zwar eigenaktiv und in weiten Strecken selbstbestimmt erfolgen, kommt aber ohne ein gewisses Maß an instruktionaler Anleitung und Unterstützung kaum aus.

Mit Neuen Medien kooperativ lernen

Wer kooperativ lernt, tritt in Interaktion mit anderen, lernt neue Perspektiven kennen, tauscht Erfahrungen und Ansichten aus und kann dabei auch noch zur Lösung komplexer Probleme beitragen. Die wachsende Tendenz zur Vernetzung leistet dem kooperativen Lernen enormen Vorschub: Unabhängig von Ort und Zeit können sich einzelne Personen ebenso wie kleine und große Gruppen via Datennetz zu persönlichen Gesprächen, wissenschaftlichen Diskursen oder gemeinsamer Projektarbeit treffen. Bereits heute exisitieren im Internet unzählige virtuelle Gruppen und Gemeinschaften, die ganz neue Felder für kooperatives Lernen darstellen und denen für die Zukunft eine herausragende Funktion in allen Gesellschaftsbereichen vorhergesagt wird. In Entwicklung und Erprobung sind inzwischen Computernetzwerke mit audiovisueller Komponente, also mit zeitgleicher Bild- und Tonübertragung vom Kooperationspartner.

Damit wäre im Vergleich zu den bisher dominierenden textbasierten Kooperationen mit all ihren Einschränkungen vor allem auf dem non- und paraverbalen Bereich viel gewonnen. Daß netzbasierte Kooperationen direkte face-to-face-Interaktionen auf diesem Wege allerdings vollständig ersetzen, ist derzeit (noch) nicht anzunehmen – und aus pädagogisch-psychologischer Sicht auch nicht anzustreben.

Beispiele für das Lernen im Netz

Eine Art Übergang zwischen Lernen indirekter Kooperation und computervermitteltem kooperativen Lernen stellen Tele-Tutoring-Systeme dar. Der Grundgedanke besteht darin, daß Experten die Funktion von Tutoren übernehmen und beim selbstgesteuerten Lernen mit Neuen Medien dann einspringen, wenn ein Lernender mit einem Programm nicht mehr allein zurechtkommt.

Beim System RTM (Remote Tutoring and Monitoring) zum Beispiel sind Lernender und Tutor über eine ISDN-Leitung (mit Audio- und Datenkanal) miteinander verbunden; der Tutor kann auf den Bildschirm des Lernenden zugreifen und zusammen mit diesem das anstehende Problem kooperativ bewältigen. Sogenannte Konferenz-Systeme sind vor allem im Unternehmensbereich schon länger bekannt; deren Einsatz zur netzwerkbasierten Förderung kooperativen Lernens ist allerdings erst im Kommen. Ein Beispiel hierfür ist das Konferenz-System CoSy, das einen herkömmlichen Fernlehrkurs durch E-Mail, Computerkonferenzen und Diskussionsgruppen erweitert. Eine inzwischen gut ausgearbeitete Lernumgebung, die das kooperative Lernen forciert, trägt die Bezeichnung CSILE (Computer-Supported Intentional Learning Environment). Die beteiligten Lernenden und Lerngruppen können in CSILE kooperative Projekte durchführen und speichern, wodurch diese auch denjenigen verfügbar gemacht werden, die am Projekt nicht teilhatten. Jeder kann Texte und Grafiken im Netzwerk kommentieren und mit anderen diskutieren sowie über einen Zugang zum Internet weitere Wissensquellen anzapfen. Was hier möglich wird, läßt sich als kooperative oder soziale Wissenskonstruktion bezeichnen – eine Form, Wissen zu entwickeln, die mehr Eigenaktivität, Interaktion, Übernahme verschiedener Perspektiven und Verstehen verspricht als es traditionelle Formen des Lernens je erlauben könnten.

Neue Medien – neue Lernkultur

Man kann davon ausgehen, daß die meisten Medien und insbesondere auch die Neuen Medien ihren Nutzen und ihre Berechtigung haben. Man kann aber ebenso davon ausgehen, daß kein Medium einen universalen Nutzen und damit die alleinige Berechtigung hat, in allen denkbaren Lernsituationen angewendet zu werden. Die Frage ist nicht, ob etwa Simulationen, Datenbanken und globale Netzwerke zum Zwecke des Lernens eingesetzt werden können. Die Frage ist vielmehr, unter welchen Bedingungen diese zusammen mit welchen instruktionalen Maßnahmen eine effektive Lernförderung versprechen. Entscheidungen darüber, wie eine Lernumgebung zu gestalten ist, lassen sich immer erst dann optimal treffen, wenn bekannt ist, wer was in welchem Zeitraum wo und zu welchem Zweck lernen will.

In einer Informationsgesellschaft wie der unsrigen, in der die Neuen Medien eine so zentrale Rolle spielen, muß Lernen zur Selbstverständlichkeit werden, für den Einzelnen und für die Gemeinschaft gleichermaßen. Das setzt eine positive Grundhaltung gegenüber dem Lernen ebenso voraus wie die Bereitschaft, in das eigene Lernen zu investieren. Ob Individuen, Bildungsinstitutionen, Unternehmen oder ganze Gemeinden – Eigenverantwortung und Eigeninitiative zum Lernen, Weiterlernen und Umlernen müssen alle zeigen und realisieren, wenn die derzeit vielzitierte

Idee vom lebensbegleitenden Lernen nicht nur ein Lippenbekenntnis bleiben soll. Nur über eine derart globale aktive Beteiligung läßt sich auch so etwas wie eine Lernkultur etablieren, die die notwendigen Rahmenbedingungen und die erforderliche Atmosphäre für ein effektives Lernen mit Neuen Medien in allen Altersabschnitten und Lebensbereichen bieten kann.

Berufliche Weiterbildung und CBT: Ende des guten alten Seminars?

Von Wolfgang Stockhinger

Wenn auch CBT (Computer Based Training) inzwischen nicht mehr ganz neu ist, so läßt sich doch feststellen, daß sich auf diesem Gebiet in den letzten Jahren eine rasante Entwicklung vollzogen hat: aus dem einst etwas spöttisch als „Umblätter-Maschine" bezeichneten Computer in der Weiterbildung ist inzwischen der moderne, leistungsfähige Multimedia-Rechner geworden.

Heißt das nun, daß wir demnächst nur noch vor dem Computer sitzend lernen? Ade, schöne Seminarwelt in Drei-Sterne-Hotels? Zum Teil: sicher! Und das ist gut so! Aus mehreren Gründen. Zum einen sind da schlicht und einfach Kostengründe zu nennen. In Zeiten *zunehmenden Wettbewerbs, Lean-Managements* und *Business-Reengineerings* muß sich auch die betriebliche Weiterbildung fragen lassen, ob das denn alles nicht auch kostengünstiger geht. Zumal Eingeweihte wissen, daß Hotel- und Fahrtkosten nicht selten höhere Kosten verursachen als Trainer und Lernmedien. Diese Kosten entfallen natürlich, wenn Mitarbeiter nicht zu Seminaren reisen, sondern statt dessen mit Hilfe einer CD am PC lernen. Und falls dies außerhalb der regulären Arbeitszeit geschieht, fehlt dieser Mitarbeiter nicht einmal an seinem Arbeitsplatz.

Ein weiterer Grund spricht für das arbeitsplatznahe Einzellernen: dadurch, daß die Programme dann verfügbar sind, wenn ich sie brauche, wenn ich ein Problem zu lösen oder eine Aufgabe zu erfüllen habe, wird so etwas wie *Just-in-time-Lernen* möglich; gezieltes Lernen für die sofortige Verwertung. Das motiviert, denn die nutzbringende Anwendung ist buchstäblich zum Greifen nahe, auch prägt sich das Gelernte besser ein, denn „gelernt und gleich angewendet" ist nach wie vor das beste Rezept für einen dauerhaften Lernerfolg.

CBT und seine Grenzen

Das Einzellernen am Multimedia-PC hat aber auch seine Grenzen. Nicht jedes Thema ist dazu geeignet, in vorgefertigte Lernhäppchen aufgeteilt zu werden und über „vorgespurte Loipen", über vorgegebene Lernwege, den einen richtigen Weg zum Ziel zu weisen. Insbesondere wo es erforderlich ist, bisherige Erfahrungen von Teilnehmern einzubeziehen, Einstellungen zu diskutieren und neue Verhaltensweisen einzuüben, ist der Computer schnell am Ende seines Lateins. Und auch nicht jeder Mitarbeiter ist für *Computer-Einzellernen* geeignet, stellt doch diese Form der Wissensaneignung in der Regel höhere Anforderungen an den Lernenden, als es in der Seminarsituation erforderlich ist. Nicht nur, daß er zunächst im Dschungel des unübersichtlichen Marktes ein geeignetes Programm finden muß, er muß auch die Disziplin aufbringen, sich immer wieder selbst neue Ziele zu setzen, mit einem Programm auch in mehreren Etappen immer wieder anzufangen und fortzufahren und bei auftauchenden Fragen mangels persönlichen Gegenübers diese zunächst zurückzustellen.

Sind Seminare nun out?

Und das gute alte Seminar? Ganz so altbacken geht es da heutzutage auch längst nicht mehr zu. Das, was wir inzwischen als *herkömmliches Training* bezeichnen, ist ja bereits der kombinierte Einsatz verschiedener Medien. Gehört es doch zum ganz gewöhnlichen Alltag in der betrieblichen Weiterbildung, mit Medien wie Flipchart und Pinwand, Overheadprojektor und Videoanlage umzugehen. Ein wesentlicher Unterschied zu *Multimedia Computer Based Training* besteht darin, daß im „herkömmlichen" Training diese Medien jeweils durch den Trainer eingesetzt und situativ angepaßt werden. Sie werden immer wieder etwas anders genutzt, je nachdem, um welche Teilnehmer, um welches Thema, aber auch, um welche Rahmenbedingungen es sich jeweils handelt.

Beim CBT erfolgt diese Steuerung ganz durch das Programm, das heißt, der Lernende kann immer nur die Wege gehen, die vom Programm vorgegeben sind. Antworten bekommt er nur auf solche Fragen, die bereits im Programm vorgesehen sind. Doch auch hier gibt es Fortschritte: Mittlerweile sind Programme entwickelt worden, die nicht mehr nur den einen, linearen Weg durch den Lernstoff zulassen – was durchaus als Qualitätsindikator bei der Auswahl genommen werden kann! Diese Programme ermöglichen je nach Vorwissen oder Absicht des Lerners unterschiedliche Wege, so daß letztlich jeder seinen eigenen, ganz persönlichen Lernpfad durchläuft. In Kombination mit *Telelearning*, das wie eine Art Bildtelefon für CBT funktioniert, kann dabei sogar der persönliche Dialog mit dem vielleicht mehrere tausend Kilometer entfernt sitzenden Coach geführt werden.

CBT ersetzt Seminare

CBT wird deshalb das klassische Training in der Tat teilweise ersetzen, und es gibt bereits heute eine ganze Reihe von sehr interessanten Pilotprojekten, in denen Unternehmen ihre bisherigen „innerbetrieblichen Volkshochschulprogramme" eingestampft haben und stattdessen an die Mitarbeiter Kataloge mit verfügbaren Selbstlernprogrammen verteilen. In Verbindung mit einer fachgerechten Betreuung und weiteren modernen Personalentwicklungsmaßnahmen kann dies durchaus ein sehr sinnvolles Konzept sein.

Ganz sicher wird CBT zukünftig seinen festen Platz da haben, wo bereits jetzt der Computer zum normalen und alltäglichen Werkzeug geworden ist, so selbstverständlich und vertraut wie der Umgang mit Schrift, mit Druckerzeugnissen, mit Telefon und TV. Besonders naheliegend ist natürlich der Schritt zum Einsatz von CBT-Lernprogrammen immer dort, wo es darum geht, die Anwendung solcher Computersoftware einzuüben und zu trainieren, mit denen die Mitarbeiter ohnehin tagtäglich an ihren PCs arbeiten. Auch dort, wo gedruckte Produktkataloge ersetzt werden durch multimediale Datenbanken, ist der Umgang mit diesen elektronischen Katalogen per CBT plausibler zu erlernen als durch Präsenzseminare.

Lernen mit dem Computer für den Computer

CBT ergänzt Seminare

Vollständig aber wird die moderne Technik das herkömmliche, klassische Training nicht ersetzen können. Dies gilt vor allem für die Bereiche, in denen es gerade Teil der Lernziele und Lerninhalte ist, in der lebendigen Auseinandersetzung und Kommunikation mit Coach und Kollegen Neues zu diskutieren, zu erproben und einzuüben. Denn der lebendige Mensch, der widerspricht, etwas vormacht und Feedback gibt, der korrigiert und aufmuntert, schlichtet oder provoziert, kann durch eine Maschine nicht ersetzt werden.

Als Faustregel kann gelten: je mehr es sich bei dem Lernstoff um kognitive Lerninhalte handelt, also vorwiegend Informationen aufgenommen und wiedergeben werden sollen, desto geeigneter – und kostengünstiger! – sind CBT-Programme. Je mehr aber affektive Lernziele angesprochen werden, also Fähigkeiten, Verhalten und Einstellungen trainiert werden sollen, desto mehr behält das klassische Seminar nach wie vor seine Berechtigung.

Vielleicht aber nicht mehr ganz in der klassischen Form. Denn bei fast allen Themen, auch bei affektiven Lernzielen, zum Beispiel im Managementtraining, im Verkaufstraining oder bei Teamentwicklungen, kann CBT einen wertvollen Beitrag leisten: nämlich als Ergänzung, als ein weiteres Medium im Konzert der heute ohnehin schon eingesetzten Medien. In der zeitlichen Reihenfolge bieten sich drei Einsatzmöglichkeiten an:

CBT eignet sich sehr gut in der *Vorbereitungsphase,* um Teilnehmer bereits vorab mit dem Thema vertraut zu machen, um erste grundlegende Informationen zu vermitteln und um Aufgabenstellungen und Projekte des Seminars vorzubereiten.

Mäßig gut kommt CBT *während des Seminars* in Betracht, wenn es beispielsweise darum geht, Gruppenarbeiten auszuwerten oder während des Coachings einzelner Teilnehmer den anderen sinnvolle Beschäftigungsmöglichkeiten bieten zu können.

Gut geeignet ist CBT dann wiederum in der *Transferphase* nach dem Seminar, sei es um Instrumente aus dem Seminar in der betrieblichen Situation anzuwenden, sei es im Sinne eines Seminarlexikons, mit

Die drei Einsatz-
möglichkeiten
der CBT-Programme

dem Kernsätze und Zusammenfassungen des Seminars zu einem späteren
Zeitpunkt noch einmal gezielt in Erinnerung gerufen werden können.

Integrierte Konzepte...

Neue, intelligente Konzepte sind also gefragt, die die verschiedenen
Möglichkeiten, die uns heute zur Verfügung stehen, integrieren zu Ge-
samtsystemen, die mehr sind als lediglich ein kunterbuntes Allerlei aus
Methoden, Technologien und Trends.

Ein Beispiel für eine solche integrierende Methodik ist das *Instru-
mentierte GruppenLernen* (IGL). Bei dieser inzwischen international in der
betrieblichen Weiterbildung erprobten und verfeinerten Methode werden
die Lerninhalte aufgeteilt in einen Vorab-Einzellernteil und ein Präsenz-
seminar. Das Einzellernen vorab geschieht mit Medien, den sogenannten
„Lerninstrumenten", vergleichbar in etwa einem Fernstudium. Während
des eigentlichen Seminars bearbeiten die Teilnehmer dann in Gruppenarbeit Projekte, in denen Anwendung und Transfer geübt werden, wiederum angeleitet durch Lerninstrumente. Im Mittelpunkt steht bei dieser
Methode der mündige Mensch, der in der Lage ist, die Verantwortung für
sein eigenes Lernen selbst zu übernehmen. Sozusagen um ihn herum wird
nun ein Lernfeld aufgebaut, das es dem Lernenden ermöglicht, selbstbestimmt und erwachsenengerecht zu lernen. Dabei werden auch Vorge-
setzte als Multiplikatoren im Lernprozeß eingesetzt, sie werden zum
Trainer oder Coach ihrer Mitarbeiter.

So entstehen Lernsysteme, die die Vorteile von CBT und klassi-
schem Training verbinden, den aktiven und selbstverantwortlichen Mitarbeiter fördern, teure Präsenzseminarzeit minimieren und zu effektiven
und effizienten Ergebnissen führen.

...strategisch intelligent eingesetzt

Bei aller verständlichen Euphorie über rasende Fortschritte der technischen Möglichkeiten gilt es jedoch, kühlen Kopf zu bewahren: CBT ist
schließlich in der betrieblichen Weiterbildung kein Selbstzweck, sondern
soll optimal dem Lernen dienen. Technische Spielereien und optische
Gags, Entertainment und Fun gehören in den Bereich privater Nutzung

und sind nur insoweit sinnvoll, als sie das Lernen unterstützen und nicht vom Lernen ablenken.

Und selbst das Lernen ist im Unternehmen nicht Selbstzweck, sondern soll helfen, die Unternehmensziele zu erreichen, strategische Wettbewerbsvorteile herauszuarbeiten und Fähigkeiten für die Anforderungen von morgen bereitzustellen. Professionelle Personalentwickungs-, Weiterbildungs- und Trainingskonzeptionen müssen deshalb immer zuerst nach den Zielen fragen, welche erreicht werden sollen. Erst danach, im zweiten Schritt, ergibt sich die Fragestellung: welche Wege führen am besten zum Ziel? Erst wenn in einem Unternehmen Klarheit herrscht über Leitbilder, Strategien und Ziele können Personalentwickler kompetent Antwort geben auf die Frage: was ist besser – CBT, klassisches Training oder ein integriertes Lernsystem – und zwar in diesem einen, ganz konkreten, speziellen Fall?

Fazit

Vieles hat sich bereits geändert in der betrieblichen Weiterbildung, vieles wird sich noch weiterhin ändern. Das klassische Seminar hat nicht ausgedient, manches wird sicher ersetzt werden. Vor allem aber gibt es viele neue Chancen, Herkömmliches zu ergänzen, zu erweitern, es noch effizienter, noch effektiver zu machen. Kritisch wird es allerdings für alle, die immer noch nicht begriffen haben, daß sich mit CBT und Multimedia ein Zug in Bewegung gesetzt hat, der uns weiterbringen kann, den man aber auch schlafmützig verpassen kann. Dann sieht man nur noch die roten Rücklichter des Zuges in die Zukunft, in dem sich der Mitbewerber vielleicht längst eingerichtet hat. Denn nichts ist für den Erfolg eines Unternehmens wichtiger als fähige Mitarbeiter!

MANAGE – Telekooperatives Planspielsystem im Managementtraining

Von Carsten Bock

Qualifizierungen der Mitarbeiter, gerade in kleinen und mittelständischen Unternehmen, müssen möglichst just in time in neue Organisationsstrukturen, Arbeitsinhalte und -abläufe einfließen. Diese problemspezifischen Bildungsbedarfe erfordern neue Trainingsmethoden, wie sie im Pilotprojekt MANAGE evaluiert werden. Basierend auf Unternehmensplanspielen erprobt MANAGE eine Managementtrainingsmethode, die durch Nutzung multimedialer Teledienste über ISDN die realitätsnahe Simulation von Geschäftsabläufen erlaubt. Einige Erfahrungen aus Entwicklung und Erprobung in der Managementqualifizierung für kleine und mittelgroße Unternehmen sollen hier aufgezeigt werden.

MANAGE ist ein Modellversuch im Forschungs- und Entwicklungsprogramm der DeTeBerkom GmbH (Berlin), einer Tochtergesellschaft der Deutschen Telekom, und des Zentrums für Unternehmensführung (Berlin) und besteht aus drei Pilotbereichen: aus den Unternehmensplanspielen, dem teletutoriellen Selbstlernen in institutionalisierter Weiterbildung, wie zum Beispiel in berufsbegleitenden Kursen der durch die Industrie- und Handelskammern (IHK) zertifizierten Fortbildung, und schließlich telematischen Qualifizierungssystemen im Finanzdienstleistungssektor.

Ergebnis des gut einjährigen Modellversuches sind sieben Lernarrangements, die mit verschiedenen Nutzergruppen und Kooperationspartnern erprobt wurden – mit kleinen bis mittelgroßen Unternehmen, der IHK, Unternehmensberatungen sowie Innovations- und Gründerzentren.

Zielstellungen der Begleitforschung

Die Anlage der Evaluation im genannten Pilotbereich I *Telekooperative Fernplanspiele* hatte folgende Zielstellungen: Zum einen sollte die Eignung der in Unternehmen häufig eingesetzten Planspiele für die Telematik, das heißt für dezentrale, videokonferenzgestützte Realisierung nachgewiesen werden. Ebenso wichtig war die Frage nach der Bedeutung der am Modell erzielten Qualifizierungsergebnisse und Lernerfolge für die Unternehmenspraxis. In diesem Zusammenhang war von Interesse, welchen Stellenwert Teilnehmer und Weiterbildungsentscheider den Zusatzqualifikationen wie der Teleworking-Kompetenz beimaßen, die im Laufe der einmonatigen berufsbegleitenden Maßnahme erworben wurden. Ein weiteres Ziel war eine Erprobung von Organisationsmodellen, die der Kosten- und personellen Basis für Managementqualifizierung in kleinen und mittelständischen Firmen Rechnung trägt. Dabei sollten auch Aussagen zur Kosten-/ Nutzenrelation von Fern- und Präsenzplanspielen gemacht werden können. Schließlich ging es auch darum, die technische Eignung der am Markt angebotenen Desktop-Konferenzsysteme für komplexe Bildungsszenarien zu testen.

Modellbeschreibung

Management ist immer Komplexitätsbewältigung in vernetzten Systemen. In einem dem Projekt zugrundeliegenden Planspiel wird daher eine Mikrowelt virtueller Unternehmen abgebildet. Die Simulationsprogramme errechnen und bewerten durch eine umfangreiche Kennzahlenbilanz bis zum Ende der jeweiligen Geschäftsperiode sämtliche Auswirkungen von Managemententscheidungen im Markt sowie die originären, betrieblichen Ergebnisse. Diese Entwicklung wird in fünf Teams, in denen Vorstandsaufgaben arbeitsteilig realisiert werden, in einem vollständigen volkswirtschaftlichen Konjunkturzyklus von acht Geschäftsperioden simuliert.

Nach jedem Geschäftsjahr gibt der Planspieltrainer in der Rolle eines unabhängigen Wirtschaftsforschungsinstituts beziehungsweise einer Consultingfirma einen Support zur Analyse der Branchenergebnisse. Das Planspiel wird mit der Hauptversammlung einer Aktiengesellschaft beendet, auf der alle Vorstände Rechenschaft über den Verlauf der gesamten simulierten Perioden und über ihre Ziele, Strategien und operativen Entscheidungen ablegen.

Die Erweiterung des Planspielszenarios durch multimediale Teledienste zu einem Trainingsverbundsystem erfolgt in dreierlei Hinsicht:

Erstens: Selbstlernprozesse und gruppendynamische Lernprozesse werden integriert.

Zweitens: Die Präsentation eigener Lernergebnisse beziehungsweise deren gemeinsame Interpretation wird zum einen in der Telekooperation zwischen den einzelnen Unternehmens- beziehungsweise Projektgruppen realisiert, und zwar mittels Videoconferencing, Application Sharing oder Joint Editing, zum anderen durch Online-Informationsrecherche. Dabei wird auf Marktdaten, elektronische Lexika und interaktive Lernprogramme zurückgegriffen.

Drittens: Durch Remote Tutoring (Fern-Unterstützung) zwischen Planspieltrainer und Teilnehmern werden die eigenen Unternehmensentscheidungen stärker reflektiert und ihre Stringenz gestützt. Damit sollen die bei Planspielen häufig anzutreffenden Trial-and-error-Entscheidungen verhindert werden, auch soll die Fixierung der Unternehmensziele gefördert und die Korrelation strategischer Ziele und des konkret-betriebswirtschaftlichen Handelns bewußtgemacht werden. Die Organisation des Teleconsulting und dessen Dokumentation findet durch das Team statt.

Die Qualität des telekooperativen Planspiels basiert auf dem Training von typischen Abläufen von Telearbeit und Teleconsulting. Dieses Trainingsverbundsystem ermöglicht es, durch Simulation und Modellbildung komplexe und dynamische Gegenstandsbereiche für den Bildungsbereich zu erschließen. Gleichzeitig fördert es Qualifizierung als einen selbstgesteuerten und kooperativen Prozeß.

Zentrales Anliegen der Trainingsmethode ist die Möglichkeit, die

Grenzen zwischen Arbeits- und Qualifizierungsprozessen aufzuheben. An Unternehmensplanspielen teilnehmende Manager und Unternehmer fordern seit längerem und mit zunehmendem Nachdruck, daß die Weiterbildungsinstitute sie zumindest bei den ersten Schritten helfend begleiten, wenn die im Planspiel trainierten Fähigkeiten zur Lösung komplexer Problemlagen auf die realen Verhältnisse im Unternehmen umgesetzt werden sollen.

Die telekommunikativen Managementseminare zeichnen sich gegenüber Fernplanspielen, die in Brief- oder Diskettenform durchgeführt werden, nicht nur durch die Gleichzeitigkeit aus, in der alle teilnehmenden Teams agieren. Wirklichkeitsnähe (Authentizität), Kommunikationsmöglichkeiten und Wettbewerbscharakter zwischen Anbietern am Markt werden dadurch wesentlich erhöht. Auch die Gemeinsamkeit in der Nutzung und bei der zielgruppengerechten Anwendung von Analysen, Prognosen, Konzepten und so weiter durch Application Sharing, das heißt in multiplen Kontexten, macht einen erheblichen Vorteil dieser Seminare aus.

Grenzen telekooperativer Planspiele

Es ist möglich, Planspiele durchgehend dezentral durchzuführen. Jedoch ergeben sich nach unseren Erfahrungen einige Einschränkungen, die nur zum Teil über Multipoint-Conferencing mit gleichzeitiger Konferenzschaltung aller teilnehmenden Teams überwunden werden können: Diese betreffen zum Beispiel das Briefing der Teams, vor allem in der Einführungsphase, sowie die Abschlußphase. Dann treffen sich alle sonst örtlich getrennt agierenden, am Planspiel teilnehmenden Teams konzentriert an einem Ort zum Einführungs-Workshop beziehungsweise zur Abschlußkonferenz, der Hauptversammlung der (Planspiel-) AG.

Zu beachten ist ferner, daß die Zusammenarbeit und Konfliktsituationen in den Teams durch den Planspieltrainer schwer einschätzbar und auch kaum beeinflußbar sind.

Schließlich fallen auch bestimmte Synergieeffekte, die bei ortsgebundenen Planspielen beobachtet wurden, bei Fernplanspielen gänzlich weg. Hier muß auf die Bedeutung von informellen Kontakten hingewiesen werden.

Einige Projektergebnisse

Ein arbeitsplatznahes Qualifizierungsmodell schafft eine engere Verbindung von Weiterbildung und praktischer, fallbezogener Beratung. Der Planspieltrainer kann auf unterschiedliche Wissensdefizite und Problemlagen der einzelnen Teams und Teilnehmer eingehen, weil *Telebrücken* auch über die eigentliche Seminarzeit hinaus möglich sind.

Für Mitarbeiter, in deren Unternehmen Telearbeitsprozesse stattfinden, sind zudem die zusätzlichen Fähigkeiten, die sich mit dem Stichwort Telematikkompetenz erfassen lassen, durchaus von Relevanz. Nicht zuletzt entstehen Kostenerparnisse durch Wegfall notwendiger Reisetätigkeit, denen aber zum Teil höhere Kommunikationskosten gegenüberstehen können, insbesondere beim Einsatz von Mehrpunkt-Konferenzen. Letztlich entscheidend ist für die Teilnehmer die Zeiterparnis und die Vorteile der Selbstorganisation. Für Klein- und Mittelbetriebe eröffnet sich überhaupt erstmals die kostenverträgliche Möglichkeit, Mitarbeiter durch zugleich praxisnahes und simuliertes unternehmerisches Handeln zu schulen.

Fazit

Die Chancen von Telelearning als einem Prinzip arbeitsplatznaher Bildung im Unternehmen resultieren letztlich aus der Realisierung neuer Formen unternehmensinterner und auch -externer Arbeits- und Kommunikationsprozesse (Beispiel Telearbeit) und deren Kopplung mit Weiterbildung.

Qualifizierungskonzepte für die neuen interaktiven Berufsbilder

Von Peter Schisler

Die seit 1993 in Berlin ansässige Multimedia Akademie führt den staatlich anerkannten Studiengang Mediadesigner durch, qualifiziert durch Kompaktseminare Mitarbeiter in den neuen interaktiven Medien weiter und bildet geeignete Teilnehmer in nach dem Arbeitsförderungsgesetz (AFG) geförderten Qualifizierungskursen zu Multimedia- und Online-Spezialisten fort.

Von hoher Qualität sind Ausbildungsgänge oder Fortbildungskurse im Bereich der neuen digitalen und interaktiven Medien immer dann, wenn die Absolventen dieser Aus- oder Fortbildungen mit genau der beruflichen Qualifikation abschließen, die es ihnen ermöglicht, schnell einen Arbeitsplatz zu besetzen, auf dem sie ihre erworbenen Qualifikationen unmittelbar einsetzen können. Die Multimedia Akademie erreicht als innovativer Bildungsträger dieses anspruchsvolle Ziel durch den ständigen Dialog mit den einschlägigen Multimedia- und Online-Produktionsstätten. Dies gilt sowohl für die Konzeption der beruflichen Aus- und Fortbildungskurse, die Festlegung der Bedingungen für die Zulassung von Teilnehmern, die Realisierung der Lehre im Mediadesigner-Studiengang, die Organisation des Trainings in den Multimedia- und Online-Fortbildungskursen sowie die Unterstützung der Absolventen bei der Arbeitsplatzfindung.

Hierüber hinaus führt die Multimedia Akademie zusammen mit dem Deutschen Multimediaverband eine deutschlandweite Umfrage bei allen bekannten Multimediaproduzenten mit dem Ziel durch, eine empirische Basis für die Anforderungsprofile der sich entwickelnden Berufsbilder in der Multimedia- und Online-Branche zu ermitteln. Die Ergebnisse sind die empirische Basis für die Erarbeitung von Aus- und Fortbildungsrichtlinien durch den deutschen Mulimediaverband, der sich für die Qualität von Qualifizierungsmaßnahmen in der Multimediabranche einsetzt.

Soziale und inhaltliche Kompetenzen

In unseren Kontakten mit Multimedia-Produzenten und als Ergebnis dieser deutschlandweiten empirischen Untersuchung lassen sich zwei große Bereiche mit jeweils eigenen Qualifizierungsansprüchen der Multimediafirmen an neue Mitarbeiter unterscheiden: die zukünftigen Mitarbeiter müssen zum einen die Fähigkeit zum sozialen Handeln, zum anderen inhaltliche Handlungskompetenz aufweisen.

Zu den wichtigsten sozialen Handlungskompetenzen gehören in der Multimedia- und Online-Branche danach insbesondere die folgenden Kompetenzen:

Erstens: Teamfähigkeit, also kommunikative Kompetenz. Multimediaprojekte werden in Produktionsteams hergestellt. Die Integrations- und Kommunikationsfähigkeit aller am arbeitsteiligen Produktionsprozeß Beteiligten ist unverzichtbare Voraussetzung für die erfolgreiche Vollendung einer Mulimedia- oder Online-Anwendung.

Zweitens: Anpassungsfähigkeit und Flexibilität. Die Interdisziplinarität der Multimedia-Branche führt dazu, daß die Teammitglieder bereit sein müssen, sich gegebenenfalls auch konträre Fähigkeiten anzueignen. Die Integration unterschiedlicher Aufgaben des neuen Mediums führt dazu, daß zum Beispiel ein Musiker zugleich programmieren und sich in der Betriebswirtschaft auskennen sollte. Unverzichtbar ist die Fähigkeit neuer Mitarbeiter, sich vollständig auf das interaktive elektronische Medium einzulassen.

Drittens: Präsentationsfähigkeit. In den Konzeptions- und Produktionsphasen müssen Teilarbeitsergebisse den Auftraggebern vorgestellt und gegebenenfalls Änderungswünsche aufgenommen und umgesetzt werden. Alle Mitglieder im Produktionsteam sollten in der Lage sein, ihre Teamergebnisse kundenorientiert zu präsentieren.

Die inhaltliche Handlungskompetenz neuer Mitarbeiter differenziert sich gemäß unserer Umfrage und entsprechend der Unterscheidung der Multimediaproduzenten primär nach den Berufsfeldern Screendesign, Projektmanagement, Konzeption und Programmierung. Im Bereich Screendesign und Grafik werden von neuen Mitarbeitern von seiten der Multimedia-Produzenten unter anderem Software-Kenntnisse der zentralen Programme Photoshop, Macromedia Director und Freehand sowie von Animation und Typographie erwartet. Eine grafische oder gestalterische Ausbildung ist eine entscheidende Voraussetzung in diesem Berufsfeld. Sie müssen darüberhinaus über Abstraktionsvermögen, räumliches Vorstellungsvermögen und einen hohen Grad an Perfektion verfügen. Weiterhin sollen die neuen Mitarbeiter praktische Erfahrungen aus der Multimediaproduktion mitbringen.

Qualifizierung zum Screendesigner

Die Multimedia Akademie erfüllt diese Erwartungen der Multimedia-Produzenten dadurch, daß sie nur ausgebildeten Designern beziehungsweise Grafikern oder erfahrenen Praktikern eine Qualifizierung zum Screendesigner anbietet. Innerhalb dieser Fortbildung lernen die Teilnehmer durch Realisierung von teamorientierten Multimediaproduktionen für Unternehmen die Praxis der Multimediaproduktion marktgerecht kennen.

Im Multimedia-Projektmanagement sind im allgemeinen neben den persönlichen Voraussetzungen vor allem berufspezifische Erfahrungen von besonderer Bedeutung. Im einzelnen handelt es sich hierbei um berufliche Erfahrungen in der Projekt- und Teamleitung sowie in der Multimedia-Produktion und allgemein im Multimedia-Markt. Des weiteren sind für neue Mitarbeiter in diesem Bereich Kundenorientierung und auch Erfahrung im Umgang mit Kunden wichtig. Qualitätsorientierung und Erfahrungen mit Qualitätskontrolle sind ebenfalls bei vielen Unternehmen unerläßliches Projektmanagement-Know-how.

Für alle diese Fähigkeiten sind die bereits oben angesprochenen sozialen Handlungskompetenzen wie Teamfähigkeit und kommunikative Kompetenz sowie Flexibilität und Präsentationsgeschick quasi die Voraussetzung. Multimedia-Projektmanager müssen zusätzlich durchsetzungsfähig sein und über Sprachkenntnisse in Englisch verfügen.

Der Multimedia-Projektmanager

In der Multimedia Akademie werden nur erfahrene Projektleiter zu Multimedia-Projektmanagern fortgebildet. Dabei lernen sie, neben den Multimediaproduktionstechniken insbesondere die speziellen Anforderungen an einen Multimedia-Projektleiter zu erfüllen, nämlich bei der Kundenakquise, der Entwicklung von Konzepten, der Angebotsgestaltung und der Produktionssteuerung, aber auch beim Testing sowie schließlich bei der Präsentation etwa der fertigen CD-ROM-Anwendung oder des Online-Auftritts.

Berufsfeld Storyboarding

Im Berufsfeld Konzeption beziehungsweise Storyboarding werden von den künftigen Mitarbeitern neben den Kenntnissen von Autorensystemen praktische Erfahrungen bei der Drehbucherstellung in der Multimediaproduktion erwartet. Unumgänglich ist die Fähigkeit zum konzeptionellen, interaktiven Denken sowie zur medienintegrativen Informationsverarbeitung und zielgruppenorientierten Informationsaufbereitung.

Besonders bedeutend sind auch für die Multimedia-Storyboarder beziehungsweise Multimedia-Konzepter wieder die persönlichen Voraussetzungen: vor allem eine medienintegrative Kompetenz, die Fähigkeit zur Informationsaufbereitung und –strukturierung sind neben den sozialen Handlungskompetenzen von Wichtigkeit.

Die Multimedia Akademie qualifiziert nur erfahrene, „kreative" Autoren zu Multimedia-Konzeptern fort. Die angehenden Multimedia-Storyboarder erproben, optimale zielgruppengerechte und medienintegrative Navigationsstrukturen zu entwickeln und in der Praxis zu überprüfen.

Der Mulimedia-Informatiker

Im Bereich Programmierung und Informatik werden von angehenden Multimedia-Mitarbeitern fundierte Kenntnisse der gängigen Betriebssystemen wie Windows und Mac sowie in der objektorientierten Programmierung, in den Script-Sprachen der Autorensysteme und der Online-Tools erwartet. Erfahrungen bei der Entwicklung von Anwendungssoftware, insbesondere bei der Umsetzung von interaktiven Abläufen und Grafiken, werden vorausgesetzt.

Für Multimedia-Informatiker – besser: System Engineer Multimedia/Online – ist das technische Know-How in einzelnen Bereich genauso wichtig wie berufsspezifisches Wissen: das Berufsbild ist stark geprägt von der technischen Komponente. Auch sind Kenntnisse im Softwareengineering, in Anwendungsprogrammen, bei der Konzeption von Software-Entwicklungen und in der Umsetzung von Konzeption und Grafik (online und offline) sehr wichtig. Auch in diesem Fort- und Weiterbildungsbereich folgt die Multimedia Akademie ihrem Prinzip, erfahrene Praktiker fortzubilden. In diesem Fall bedeutet das, daß Anwendungsprogrammierer die im Multimediabereich und im Internet eingesetzten Software-Tools so trainieren, daß sie in die Lage versetzt werden, anspruchsvolle Abläufe im Grafikbereich optimal zu programmieren.

Verschiedene Fortbildungen

In der Multimediabranche wie in der Multimedia Akademie wird genau unterschieden zwischen den Fortbildungen, die die Teilnehmer für den Kernbereich der Multimedia-Produktion qualifizieren – also Multimedia-Screendesigner, Multimedia –Projektmanager, Multimedia-Storyboarder/Konzepter und Multimedia-Informatiker –, den Mischbereichen, die zum Beispiel für eine Vermarktung von Multimedia-Produkten geeignet sind, und den Fortbildungen, in denen sich Teilnehmer für den Online-Bereich qualifizieren – als Online-Designer, Online-Projektmanager oder System-Engineer-Online.

Von den Schlagworten Multimedia und Online sind viele so fasziniert, daß sie glauben, hier eine neue berufliche Chance finden zu können. Für die Fortbildung in den digitalen und interaktiven Berufsfeldern

Nicht jeder ist geeignet

gilt jedoch Vergleichbares wie für alle erfolgreichen Fort- und Weiterbildungen. Nicht jeder Interessent ist für diese neuen Berufsfelder geeignet, sondern auf eine vorhandene, vorgängig erworbene einschlägige Ausbildung sowie gegebenenfalls erfolgreiche praktische Berufserfahrung aufsetzend, müssen mediengerecht die Bedingungen Multimedia- oder Online-Produktion vermittelt und von den Teilnehmern trainiert werden. Die besondere Problematik dieser Fortbildung resultiert insbesondere aus der Anforderung an die Teilnehmer, sich voll und ganz auf das neue Medium einzulassen. Für die Zulassung zur Fortbildung zu dem erwähnten Multimedia-Screendesigner haben zum Beispiel Trickfilmer und diplomierte Designer Chancen. Die Designer, die zuvor beispielsweise Druckvorlagen entworfen und ausgestaltet haben, lernen ebenso wie die Trickfilmer, daß eine Multimedia-Produktion keine Folge von Seiten wie in einer Illustrierten oder nur eine Reihe von Animationen ist, sondern die kreative Kombination von Screendesign, Text, Animation, Video, Sound und vor allem auch Interaktion ist. Nur wer sich als Teilnehmer – auch experimentell – auf das neue multimediale, digitale und interaktive Medium vollständig einläßt, erreicht die notwendige Qualifikation für anspruchsvolle Multimedia-Produktionen.

Es geht jedoch noch weiter: Selbst wer schon sehr erfolgreich bei der Multimedia-Produktion mitgewirkt hat, muß noch lange kein guter Online-Designer sein, denn die Erstellung von Präsentationen auf Web-Servern wie zum Beispiel für das Internet oder für kommerzielle Online-Dienste erfordert die volle Akzeptanz der Online-Medien mit ihren technischen Restriktionen und den hervorragenden Möglichkeiten zur Aktualität.

Nur wenn es gelingt, an öffentlichen und privaten Aus- und Fortbildungsstätten die Einsicht zu etablieren, daß die berufliche Qualifizierung für die neuen digitalen und interaktiven Medien sowie die konkreten Erfordernisse der Produktionsgesellschaften nicht durch eine quantitative Erweiterung des traditionellen Stoffumfangs realisierbar ist, sondern qualitativ neue Lerninhalte und –methoden realisiert werden müssen, die dem interaktiven Charakter der neuen Berufsfelder gerecht werden können, erscheint ein hohes berufliches Qualifizierungsniveau zur

Erfüllung der Erwartungen der Multimedia- und Online-Produzenten
möglich.

Projektbezogene Ausbildung

Diesem hohen Anspruch an die Realisierung der beruflichen Qualifizierung werden wir in Berlin dadurch gerecht, daß die gesamte Ausbildung
projektorientiert organisiert wird. Ein reales Projekt von einem externen
Auftraggeber wird angenommen und exakt wie in einer Multimedia-
oder Online-Produktionsgesellschaft im Team bearbeitet. Indem die
Teams ihre Projekte bearbeiten, lernen sie alle Produktionstechniken und
Projektstrukturen kennen. Die Dozenten haben Erfahrung in der Erwach-
senenbildung und sind zugleich erprobte Fachleute, Mitarbeiter von Mul-
timediagesellschaften oder Hochschullehrer. Allen Dozenten ist ständig
bewußt, daß es über die handwerklich gute Beherrschung der Hard- und
Softwarewerkzeuge hinaus besonders auf eine Konzeption und Gestaltung der Anwendungen ankommt, die den neuen digitalen und interaktiven Medien optimal gerecht werden. Die Absolventen der Multimedia
Akademie Berlin erhalten überdies die Möglichkeit, ihre Arbeitsergebnisse aus den Praxisprojekten mit beziehungsweise für Multimedia-Gesell-
schaften auf CD-ROM, in unserer Internet-Galerie oder als Zeitschrift
CO:DE zu veröffentlichen.

Fazit

Es scheint so zu sein, daß Teilnehmer multimediale Handlungkompetenz
nur dann voll entwickeln können, wenn sie ihre Praxiserfahrung mit den
Datenverarbeitungssystemen machen können, die sie später am Arbeitsplatz vorfinden. An der Multimedia Akademie erfolgt daher die Schulung
an mehr als 120 vernetzten PC/Mac- und Unix-Arbeitsplätzen mit jeweils
eigenem Internetzugang. Die Multimedia Akademie ist für Microsoft und
Macromedia autorisiertes Trainings-Center. Die Autorisierung durch Au-
todesk und QuarkXpress ist noch für 1996 vorgesehen.

Lernen in der Informationsgesellschaft

Von Firoz Kaderali und Bernhard Löhlein

Unser Wissen vermehrt sich explosionsartig. Unsere Studenten fahren zwar gerne individuell zu den Vorlesungen, werden dann aber häufig in überfüllten Hörsälen in Massen abgefertigt. Die Lehre an den Hochschulen wird entsprechend ineffizient. Das Studium dauert zu lange und ein erheblicher Anteil des Erlernten ist bereits überholt, bevor es im Beruf eingesetzt werden kann. Es wird der Ruf nach lebenslangem berufsbegleitendem Lernen laut. Multimedia und Datenautobahnen versprechen Abhilfe in dieser Situation.

Die Vorteile, die durch den Einsatz neuer Medien in der Lehre erzielt werden können, sind vielversprechend: Der Student hat die Möglichkeit, den Zeitpunkt für das Studium beliebig und unabhängig von dem Lehrenden zu bestimmen. Bei entsprechend gestalteten Lernprogrammen hat er die Möglichkeit, Themenbereiche, die er bereits beherrscht, zu überfliegen und sich anderen Bereichen, in denen er Defizite aufweist, besonders zu widmen – so kann er das Niveau seinen Vorkenntnissen anpassen. Ferner hat er die Möglichkeit, das Lerntempo frei zu bestimmen beziehungsweise einzelne Lernschritte nach Belieben zu wiederholen.

Die elektronischen Medien ermöglichen eine sehr schnelle Referenzierung. Bei entsprechend aufbereiteten Lehrmaterialien können Stichworte, wichtige Definitionen und Sätze, relevante Zitate und Beispiele, ergänzende Literatur und so weiter momentan aufgerufen und eingesehen werden. Verwendet man verschiedene Medien – wie Text, Sprache, Ton, Bild und Video – in geeigneter Weise, so eröffnen sich neue Möglichkeiten, den Lehrstoff so darzustellen, daß er für die Studierenden leichter zu erlernen ist. Besonders zu erwähnen sind Animationen und Bewegtbilddarstellungen bis hin zu virtueller Realität.

Eine weitere, für die Lehre sehr effektive Möglichkeit besteht darin, dem Studierenden eine experimentelle Umgebung am Rechner anzubieten. Er hat somit die Möglichkeit, am Bildschirm *spielend* zu lernen und so zum Beispiel einen Algorithmus anzuwenden, seine Ergebnisse zu analysieren und farbig zu visualisieren. Bei vernetzten Systemen kommen weitere typische Eigenschaften hinzu: Der Student erhält die Möglichkeit, sich mit dem Dozenten zu unterhalten. Dies kann textlich (chat, joint editing) oder auch bildlich (Videoverbindung über Internet oder ISDN) geschehen. Durch Verwendung von schwarzen Brettern, auf denen die Fragen und Antworten – als Text oder Videoclips – auch anderen Studenten zugänglich gemacht werden, wird das Verfahren effektiver.

Neue Formen des Praktikums-, Übungs- und Seminarbetriebs sind realisierbar. Asynchrone wie synchrone, text-, sound- und videobasierte Kommunikationsformen können Verwendung finden. Durch Verwendung beispielsweise von news groups, E-Mail oder low-cost Video kann die Kommunikation zwischen Studierenden ermöglicht werden. So können Studierende ihre Erfahrungen austauschen und den Lernstoff gemeinsam erarbeiten. Es besteht auch die Möglichkeit, Vorlesungen als Videoaufnahmen oder über das Fernsehen in Echtzeit zu übertragen. Diese haben bisher jedoch wegen niedriger Qualität meist geringe Akzeptanz gefunden. Videokonferenzen mit vorbereiteten multimedialen Beiträgen und Interaktionsmöglichkeiten sind in Erprobung. Noch sind solche Konferenzen recht komplex in der Handhabung, es fehlen geeignete Hilfsmittel, und die Kosten sind erheblich.

Multimedia-Kurse

Kurse können sich in ihrer Multimedialität grundlegend unterscheiden. Die Spanne reicht von textorientierten Kursen über bildschirmorientierte Kurse mit wenig Text und überwiegend Bildern, Ton, Animationen und Videos bis hin zu hoch interaktiven Kursen mit integrierten Arbeits- und Experimentierumgebungen. Häufig liegen Vorlesungen und Kurse in Textform bereits vor und werden mittels Konverter in bildschirmorientierte Formate umgesetzt. Zur Erstellung neuer Kurse werden in der Regel Autorensysteme eingesetzt. Im folgenden betrachten wir diese beiden Möglichkeiten.

Konvertierungs-Tools

Zur Erstellung von Kursen in Textform werden häufig die Tools Win-Word und LaTeX eingesetzt. Von WinWord-Dokumenten aus können unter anderem mittels Konverter folgende Dateiformate erzeugt werden: Postscript (PS), PDF mittels Adobe Acrobat Writer und das RTF-Format (Rich Text Format). Ausgehend von einem LaTeX-File kann eine Konvertierung in ein PS-File oder eine Umsetzung in die Hypertext Markup Language (HTML) mittels des Tools latex2html vorgenommen werden. Mittels des Adobe Acrobat Exchange-Tools können in ein PDF-File Hyperlinks und Multimedia-Elemente, wie Video- oder Tonsequenzen, eingefügt werden.

Eine direkte Erstellung von HTML-Files ist mit Hilfe eines normalen ASCII-Texteditors oder mit einer der unzähligen frei verfügbaren HTML-Editoren möglich. Die Funktionalität eines HTML-Files beziehungsweise einer HTML-Seite kann durch den Einbau von Funktionen und Befehlen der Netscape-Scriptsprache Javascript oder durch das Einbinden von Java Applets erweitert werden. Mit Hilfe dieser erweiterten Funktionalitäten einer HTML-Seite ist es nun möglich, den Kurstext multimedial aufzubereiten und interaktiv zu gestalten.

Autorensysteme

Speziell für die Erstellung multimedialer Kurse stehen zahlreiche kommerzielle Autorensysteme wie Toolbook und Authorware zur Verfügung. Autorensysteme dienen dazu, den Kurstext mit multimedialen und interaktiven Elementen zu bereichern beziehungsweise den Lehrstoff ganz neu zu gestalten. Bei der Erstellung ist vom Autor des Kurstextes nun die Fähigkeit gefordert, den Kurstext durch Simulationen, Animationen oder interaktive Elemente zu bereichern oder auch zu ersetzen. Meist ist ein ganzes Team von Spezialisten, wie Programmierer, Grafiker, Layouter,

Toningenieure und Filmtechniker, notwendig, um einen akzeptablen Multimediakurs zu erstellen.

In *Toolbook* wird der Ablauf eines Kurses ereignisgesteuert programmiert. Erzeugt der Benutzer ein Ereignis, wie zum Beispiel einen Tastendruck, eine Mausbewegung oder -klick, so wird ein Script ausgeführt. Die Scriptsprache in Toolbook, Openscript, stellt eine mächtige und komplexe Programmiersprache dar. Es können Grafiken, Ton- und Videosequenzen eingebunden werden. Ansprechende Animationen sind leicht durch die Scriptsprache realisierbar. Ansätze des objektorientierten Programmierens beziehungsweise des modernen Software Engineering werden bei Toolbook nicht berücksichtigt. So wird ein einmal gebundener Kurs als eine abgeschlossene Einheit behandelt, eine individuelle Handhabe einzelner Kurselemente wird dadurch erheblich eingeschränkt.

Beim Autorensystem Authorware Professional wird der zeitliche Ablauf des Kurses mit einem Flußdiagramm beschrieben. In das Flußdiagramm werden dann die Elemente für Grafik, Buttons, Ton- und Videosequenzen eingefügt. Es stehen ferner Elemente, die Interaktivität und das Verhalten des Benutzers berücksichtigen, zur Verfügung. Authorware verfügt über eine vom Funktionsumfang nicht so mächtige Scriptsprache wie Toolbook.

Lehre als Online-Dienst

Die Vernetzung der Lernenden und Lehrenden über moderne Kommunikationsnetze wie Internet, lokale Netze, ISDN (Integrated Services Digital Network) und B-ISDN (Breitband-ISDN) eröffnet völlig neue Möglichkeiten der Wissenvermittlung. Lehre kann als ein Online-Dienst angeboten werden. Zur Realisierung sind ein allgemeines Betriebs- und Verwaltungssystem, wie es auch andere Online-Dienste anbieten und das die Aufgaben der Benutzerverwaltung, der Angebotsverwaltung, der Abrechnungsstrategie und des Sicherheitsdienstes und mehr erfüllt, ein Server oder eine Datenbank mit Lehrinhalten sowie ein Kommunikationssystem notwendig. Ferner können auch Autoren bei der Erstellung der Lehrmaterialien online unterstützt werden.

Server und Datenbanken

Die Vorratshaltung der Inhalte kann in zwei Formen organisiert werden:
Ablegen der Inhalte in der Filestruktur eines Betriebsystems oder in einer
Datenbank. Beispiele für das Ablegen in einer Filestruktur sind FTP (File
Transfer Protocol) oder HTTP (Hyper Text Transfer Protocol). Im Gegen-
satz dazu werden zum Beispiel bei dem System Hyper-G die Inhalte in
einer Datenbank abgelegt. Letzteres hat unter anderem den Vorteil einer
Linkverwaltung, das heißt Verweise (Links) von einem Dokument zu
einem anderen werden ebenfalls in der Datenbank verwaltet.

Das File Transfer Protocol (FTP) ist seit seiner Entwicklung Mitte
der achtziger Jahre eines der meistgenutzten Internet-Werkzeuge. Es
dient zum Übertragen von Dateien von einem Rechner zu einem anderen.
FTP erlaubt den Zugriff auf das Dateisystem eines FTP-Servers, um dort
mit bestimmten Kommandos, ähnlich wie im eigenen Dateisystem, zu
navigieren und von dort Dateien in das eigene Dateisystem zu kopieren
und umgekehrt. Benutzer von FTP können sich entweder gegenüber dem
FTP-Server identifizieren, wenn sie dort eine Benutzerkennung besitzen,
oder aber auch als anonymer Benutzer auf den FTP-Server zugreifen.

Gopher wurde 1991 als Informationssystem entwickelt, bei dem die
Navigation durch das Filesystem nicht durch Kommandos wie bei FTP,
sondern menügesteuert erfolgt. Je nach Benutzeroberfläche wird die Selektion der Menüs per Tastatur oder Maus gesteuert. Die Submenüs
können auch zu anderen Gohper-Servern verweisen, wodurch Gopher zu
einem verteilten System wird. FTP ist nur eingeschränkt als verteiltes
System realisierbar, im allgemeinen Fall muß man explizit eine neue
Verbindung aufbauen.

Das World Wide Web (WWW) basiert auf dem Hypertext Transfer
Protocol (HTTP), mit dem zwischen einem WWW-Client und einem
WWW-Server Informationen in Form von Paketen ausgetauscht werden.
Beschränkten sich die Inhalte bei Gopher noch auf Text, so wurden im
Informationssystem WWW seit Anfang 1993 Hypertext und Multimedia
vereint. Das HTTP-Protokoll ist zustandslos und verbindungslos. Der
WWW-Server, auch HTTP-Server genannt, wartet auf Anfragen (Re-
quests) eines WWW-Clients, auch WWW-Browser genannt, um die gefor-

derten Dokumente als Antworten (Responses) an den Client zu versenden. Die Anfrage eines WWW-Client besteht aus einer weltweit eindeutigen Dokumentenadresse, der sogenannten URL (Uniform Resource Locator). Hypertextdokumente werden im WWW mittels der Hypertext Markup Language (HTML) beschrieben. In einem Hypertext können bestimmte, hervorgehobene Textstellen (Hyperlinks) mit der Maus angeklickt werden, um weitere Dokumente, wie Bilder, Video- und Audiosequenzen, zu erhalten. Die Möglichkeit, über zahlreiche Parameter die Formatierung durch den Client einzustellen, bedeutet auch, daß der Lehrende nicht allein über die optimale Gestaltung (beispielspielsweise der Bildschirmseite) bestimmen kann. Er ist darauf angewiesen, daß der Student die von ihm empfohlenen Parameter verwendet.

Die HTML-Sprache bietet die Möglichkeit, Formulare zu entwerfen, in denen der Benutzer auf der Client-Seite Eingaben machen kann. Die Eingaben in den Formularen werden dann entweder an den Server geschickt und durch sogenannte CGI-Scripts (Common Gateway Interface) ausgewertet – oder es besteht auch die Möglichkeit, die Eingaben durch den Client auszuwerten. Dazu eignet sich die Scriptsprache Javascript.

Seit 1995 ist die Programmiersprache Java verfügbar. Diese ist wie HTML und Javascript plattformunabhängig. Sie kann sowohl als standalone Programmiersprache eingesetzt als auch in Form von Java-Applets auf einer HTML-Seite eingebunden werden.

Die Dokumente und Verzeichnisse, die ein WWW-Server einem WWW-Client zur Verfügung stellt, können paßwortgeschützt werden. Außerdem können Benutzer zu Gruppen zusammengefaßt werden. Überarbeitete Sicherheitskonzepte wie Authentifikation, Verschlüsselung, Integrität und Signatur der übertragenen Daten finden sich im erweiterten HTTP Protokoll, S-HTTP (Secure-HTTP) oder im SSL (Secure Socket Layer) wieder.

Hyper-G wird als das erste Hypertext und Multimediasystem der zweiten Generation bezeichnet. Es wurde am Institut für Informationsverarbeitung und Computergestützte Medien (IICM) an der Technischen Universität Graz in Österreich entwickelt. Im Gegensatz zu den vorhergenannten Servern werden in Hyper-G die Inhalte nicht in einem Filesystem des Betriebssystem, sondern in einer Datenbank abgelegt. Das Protokoll zwischen Hyper-G-Client und Hyper-G-Server ist verbindungsorientiert. Der Hyper-G-Server besteht aus drei verschiedenen Prozessen, die für unterschiedliche Aufgaben konzipiert sind: dem Full-Text-Server zur Verwaltung des Volltextindex, dem Document-Server zur Ablage der Dokumente und dem Link-Server zur Organisation der Links und Beziehungen zwischen den Dokumenten. Ein weiterer Unterschied zum WWW-Server ist die Strukturierung des Angebots auf einem Hyper-G-Server: Dokumente (Texte, Bilder, Videos und so weiter) werden in Kollektionen zusammengefaßt, die selbst wiederum in Kollektionen enthalten sein können. Die Navigation wird entlang dieser Kollektionenhierarchie vollzogen. Die Hierarchie bildet einen azyklischen Graphen. An der Wurzel der Hierarchie eines jeden Hyper-G-Servers steht die spezielle Kollektion *Hyper-Root*. Durch diese Anordnung der Dokumente in einer Hierarchie ist für den Benutzer die Strukturierung des Angebots offensichtlich und das Lost-in-Hyperspace-Syndrom, wie es beim Navigieren im WWW häufig vorkommt, entfällt somit. Zugriffsrechte für Kollektionen, Dokumente und Links können speziellen Benutzern oder geschlossenen Gruppen zugewiesen werden.

Außer den genannten, allgemein verfügbaren Servern können für das Online-Angebot auch eigens modellierte objektorientierte oder relationale Datenbanksysteme eingesetzt werden. Der Client kann dann entweder ein normaler WWW-Client oder ein speziell für das Informationssystem konzipierter Client sein. Im ersten Fall greift der Client über ein Gateway mittels des HTTP-Protokolls auf die Inhalte der Datenbank zu. Im zweiten Fall muß ein eigenes Protokoll zwischen Client und Datenbankserver abgewickelt werden.

Kommunikationstools

Neben der Präsentation der Inhalte kommen Kommunikationstools zum Einsatz, um eine Kommunikation zwischen den Lehrenden und den Studenten zu ermöglichen. Von Vorteil ist es, wenn die Kommunikationstools schon in der Präsentationsumgebung integriert sind. Der Übungsbetrieb wird durch die elektronische Kommunikation für die Studierenden wesentlich verbessert. Zur Online-Betreuung bei der Bearbeitung von Kursen werden Übungsstunden über das Netz veranstaltet. Hier erhalten die Studenten Hilfestellung bei der Bearbeitung der Aufgaben und können Fragen direkt an ihren Kursbetreuer richten.

Synchrone und asynchrone Dialoge

Der Dialog kann synchron oder asynchron erfolgen. Bei synchronen Dialogverfahren besteht zwischen den Dialogpartnern zum gleichen Zeitpunkt eine Verbindung, dagegen verläuft bei asynchronen Dialogverfahren die Kommunikation zeitversetzt. Beispiel für asynchrone Kommunikationsverfahren ist das UseNet mit seinen Newsservern und Newsgruppen, in denen man wie an einem Schwarzen Brett zu dem Thema der Newsgruppe Artikel oder Diskussionsbeiträge lesen und ablegen kann. So ist es zum Beispiel sinnvoll, zu jeder Vorlesung eine eigene Newsgruppe zu öffnen, in der die Kursteilnehmer Fragen oder Anmerkungen zum Kurstext oder zu den Einsendeaufgaben stellen können. Diese können dann entweder durch den Kursbetreuer oder durch andere Kursteilnehmer beantwortet werden. Auch das Verschicken von E-Mails (electronic mail) zählt zu den asynchronen Verfahren.

Zu den synchronen Kommunikationstools gehören die Talk- und Write-Programme, die die synchrone Dialogführung zwischen genau zwei Dialogpartnern zulassen. Multipoint-Konferenzen sind dagegen mittels IRC (Internet Relay Chat) möglich. Die Diskussionsteilnehmer loggen sich auf einem IRC-Server ein und können sich in einen IRC-Channel begeben. Die IRC-Server bilden dabei einen Netzwerkverbund, um sich gegenseitig aktuelle Informationen über eingeloggte Benutzer und Nachrichten von Benutzern zu anderen auszutauschen. Es gibt moderierte und offene IRC-Channels. Für den Vorlesungsbetrieb kann IRC in einer Online-Übungsstunde eingesetzt werden, die von dem Betreuer der Übungsstunde moderiert wird. Der Moderator eines IRC-Channels lädt die Teilnehmer eines Kurses zu einem bestimmten Termin zu einer IRC-Sitzung ein. Der Moderator teilt den Mitgliedern dieses IRC-Channels gezielt Rederechte zu, um so einen geregelten Übungsbetrieb und Diskussionsverlauf zu ermöglichen.

Netscape hat zusätzlich unter dem Namen CoolTalk ein Programm zur synchronen Point-to-Point-Kommunikation entwickelt. Mit diesem

Tool sind sowohl Kommunikation auf Textbasis als auch mittels Sprache möglich. Das Tool wird durch ein Whiteboard angereichert, mit dem es möglich ist, ein Textdokument oder eine Grafik gemeinsam zu editieren. Gerade das Vorhandensein eines Whiteboards ist bei Kommunikationsbeziehungen mit technischem oder mathematischem Inhalt sehr hilfreich, in manchen Fällen sogar unverzichtbar, um den Kommunikationspartnern schnell und prägnant eigene Vorstellungen zu verdeutlichen.

Videokonferenzsysteme erlauben die Durchführung von Vorlesungen und Seminaren über Netze. Hierfür bieten sich zur Zeit die Systeme CU-SeeMe und ProShare an. Videokonferenzen können eine wesentliche Rolle spielen für gruppenorientierte Lehrveranstaltungen verschiedenster Art. Das System CuSeeMe ermöglicht zum Beispiel Point-to-Point- und Multipoint-Videokonferenzen über das Internet. Multipoint-Konferenzen werden über einen Reflektor-Server abgewickelt, der die Bildsequenzen der Videokonferenzteilnehmer an alle Teilnehmer reflektiert.

Das ProShare System wiederum ist ein Point-to-Point- und multipointfähiges Videokonferenzsystem. Es kann auf einem der Dienste Euro-ISDN, TCP/IP oder Novell-Netware betrieben werden. Neben der Videokonferenz kann man einen gemeinsamen Notizblock nutzen, in dem die Kommunikationspartner gemeinsam Texte oder Grafiken bearbeiten können. Es können beliebige Windows-Anwendungen gemeinsam genutzt werden, wobei lediglich ein Kommunikationspartner die Applikation auf seinem Rechner installiert haben muß. Das ProShare System basiert auf der H.320-Empfehlung der ITU.

Online Unterstützung von Autoren

Die angestrebte Durchführung von Seminaren, Online-Übungsgruppen und Teamwork erfordert mächtige Werkzeuge zur Kommunikation und Kooperation. Es werden vielfältige Formen sowohl von asynchroner als auch synchroner Kommunikation und Kooperation benötigt (Punkt zu Punkt, Punkt zu Mehrpunkt, Mehrpunkt zu Mehrpunkt). Wichtig für die Kommunikationspartner (Studierender – Lehrender) ist dabei, daß sie über einheitliche Kommunikationstools verfügen und diese in der Lern- und Lehrumgebung integriert sind.

Für die Lernenden ist insbesondere eine einheitliche Benutzeroberfläche sowie eine einheitliche und gut strukturierte Navigation durch das Informationsangebot von großem Vorteil. Die Autoren sollten eine Online-Beratung über einzusetzende Tools und Methoden zur Kurserstellung erhalten, damit die gewünschte Einheitlichkeit der Benutzeroberfläche gewährleistet ist. Den Autoren sollte ferner die Möglichkeit geboten werden, Korrekturen und Ergänzungen zu ihren Lehrmaterialien in der Datenbank möglichst einfach und schnell vorzunehmen.

Die Virtuelle Universität Online

Die Fachbereiche Elektrotechnik, Informatik und Mathematik der FernUniversität Hagen haben sich unter einem gemeinsamen Konzept der Virtuellen Universität angeschlossen. Das Konzept bietet den Studierenden sämtliche Leistungen der Universität in integrierter Form über elektronische Kommunikationsnetze an: vorhandene und neu multimedial aufbereitete Vorlesungen und Kurse können im Netz bearbeitet oder zur lokalen Bearbeitung abgerufen werden, die Studierenden können sich an Seminaren, Übungen, Praktika und Gruppenarbeiten online beteiligen, Kommunikation zwischen Studierenden und Lehrenden ebenso wie zwischen den Studierenden selbst wird ermöglicht. Ferner können verwaltungstechnische Aufgaben wie das Einschreiben, das Rückmelden und das Belegen von Kursen online vorgenommen werden. Bibliotheksrecherchen können online durchgeführt, elektronisch verfügbare Literatur direkt abgerufen und sonstige Literatur bestellt werden.

Die ersten Arbeiten zur Virtuellen Universität liegen nunmehr etwa zwei Jahre zurück. Auf der CeBIT'96 wurde ein erster Prototyp auf dem InfoCity-Stand und dem Stand Forschungsland NRW der Öffentlichkeit vorgestellt. Das Projekt wird vom Ministerium für Wissenschaft und Forschung des Landes Nordrhein-Westfalen finanziell unterstützt.

Der Einsatz von Telekommunikations- medien im Unterricht

Von Jürgen Kawalek

Der Begriff Telelearning soll hier bewußt weiter gefaßt werden als das, was man normalerweise mit der deutschen Übersetzung Fernlernen verbindet. Unter Telelearning wird ganz allgemein der Einsatz von Telekommunikationsmedien in Unterrichtsprozessen verstanden – unabhängig davon, wie dieser Einsatz erfolgt beziehungsweise von welchen pädagogischen oder didaktischen Konzepten dabei ausgegangen wird. Die wichtigsten im Zusammenhang mit Telelearning diskutierten Konzepte heißen Fernlernen, offenes Lernen und Computer Supported Collaborative Learning.

Allgemein spricht man von Fernlernen, wenn sich Schulungsteilnehmer und Dozenten geographisch nicht an ein und demselben Ort befinden. Der klassische Fernunterricht findet überwiegend schriftlich, zunehmend auch unter Einsatz textbasierter Online-Medien wie dem World Wide Web (WWW), statt: den Teilnehmern werden die Kursunterlagen zugeschickt, die sie dann meistens bearbeiten und wieder einschicken müssen. Die Teilnehmer können Zeit und Dauer selbst bestimmen und brauchen sich nicht woanders hinzubegeben. Allerdings wird diese Lehr- und Lernform nur von etwa einem Prozent aller Studierenden genutzt.

Zu den Nachteilen des Fernlernens zählen unter anderem Motivationsprobleme, eingeschränkte Nachfragemöglichkeiten bei Verständnisschwierigkeiten und fehlende soziale Kontakte, nicht zuletzt aber auch die hohen Kosten, insbesondere wenn nicht nur schriftliche Medien, sondern auch audiovisuelle wie zum Beispiel Videos oder CBT-Programme eingesetzt werden. Bei circa 200 Stunden Entwicklungszeit für ein einstündiges CBT Programm und ungefähr 1500 Stunden für ein tutorielles Programm ist das auch nicht überraschend. Ein solcher Kurs muß sich erst einmal amortisieren, was dazu führen kann, daß – insbesondere im Hochschulbereich – neuere Entwicklungen nicht berücksichtigt werden. Sechs bis zehn Jahre ohne irgendwelche Veränderungen sind keine ungewöhnliche *Lebensdauer* für einen Kurs.

Im Unterschied zum Fernunterricht, der ausschließlich durch eine äußere Offenheit, also durch die räumliche und zeitliche Unabhängigkeit des Lernenden, gekennzeichnet ist, zeichnet sich offener Unterricht auch durch innere Offenheit aus. Das bedeutet, daß die Lernenden auch über die damit verbundenen Ziele und die inhaltliche, methodische Ausgestaltung entscheiden.

Ein weiteres im Zusammenhang mit Telelearning häufig diskutiertes Konzept ist das Computer Supported Collaborative Learning (CSCL – etwa „Computergestütztes gemeinschaftliches Lernen"). Obwohl dieser Begriff in jüngster Zeit zunehmend an Bedeutung gewonnen hat, ist bis jetzt immer noch nicht ganz klar, was man darunter genau zu verstehen hat – und das trotz einer beeindruckenden Zahl an Veröffentlichungen zu diesem Thema. Allgemein kann man sagen, daß durch den Computer kollaborative, auf Zusammenarbeit basierende Lernprozesse in Gang gesetzt werden sollen, unabhängig davon, ob sich die Beteiligten gemeinsam in einem Raum oder geographisch verteilt an mehreren Orten befinden. Es werden zwei grundlegende Kollaborations-Formen unterschieden: Wenn es um die Änderung von Einstellungen oder Konzepten geht, sollten alle Mitglieder einer Lerngruppe möglichst den gleichen Kenntnisstand besitzen, da es sonst zu gruppendynamischen Problemen kommen kann – man spricht hier von Peer-Teaching. Wenn es dagegen um den Erwerb von Fähigkeiten und Kenntnissen geht, scheinen *ungleiche* Voraussetzungen der Beteiligten im Sinne von *Expertentum* hilfreich zu sein (Expert-Teaching). Man sollte sich darüber im klaren sein, daß die Konzepte Fernunterricht, offenes Lernen und CSCL sich nicht gegenseitig ausschließen, sondern nur unterschiedliche Schwerpunkte des Lehr- und Lernprozesses betonen.

Virtuelle Lehrformen

Unter den Begriff Telelearning im obigen Sinne kann man eine ganze Reihe unterschiedlicher Einsatzmöglichkeiten wie CBT, Simulationsprogramme und mehr zusammenfassen, bei dem über Computernetze oder Telefonleitungen auf Software zugegriffen werden kann. Telelearning kann aber auch in Form von Audio- oder Videokonferenzen stattfinden: ein Dozent verständigt sich mit seinen Studenten, die sich an ganz verschiedenen Orten befinden, über Kameras, Monitore, Mikrofone und Lautsprecher. Und natürlich gibt es auch Mischformen, bei denen sich der Student beispielsweise mittels Konferenztools, das heißt mit Hilfe einschlägiger Programme, mit Dozenten oder auch Experten in Verbindung setzen kann, wenn bei der Bearbeitung von Übungsprogrammen – sei es zu Hause oder am Arbeitsplatz – Probleme auftauchen.

Für Telekommunikationsmedien im Teleteaching werden zwei grundlegende Einsatztypen unterschieden: Beim *Remote Database Access* wird auf (entfernte) Remote Server zugegriffen, auf denen lokal nicht verfügbare Software gespeichert ist. Beispiele dazu wären die Nutzung von Online-Diensten wie zum Beispiel für die Informations-Recherche im Internet oder auch der Zugriff auf Simulationssoftware, die aber bei der benötigten Rechnerkapazität nur auf Hochleistungsrechnern verfügbar ist. Ebenfalls zum Typ Remote Database Access würde die Nutzung zentral gespeicherter Lehr-/ Lernprogramme (Teachware-Server) zählen. Im Gegensatz dazu wird bei allen als *Remote Teaching* bezeichneten Formen mit einem *realen* Gesprächspartner Kontakt aufgenommen und kommuniziert. Hier könnten als Beispiele Remote-Lecture (Fern-Vorlesung), die Konsultation von Experten (Tele-Expert oder auch Tele-Tutoring), aber auch die Kooperation verteilter Lerngruppen (Tele-Kooperation oder auch Computer-Supported Collaborative Learning) genannt werden. Bei der Bewertung bestimmter Anwendungsformen des Teleteachings kommt es immer darauf an, wo sie im Rahmen von Fern- oder Präsenzunterrichtsangeboten realisiert werden und welche Funktion sie erfüllen. Beispielsweise kann man für den Hochschulbereich sagen, daß sich ein und dieselbe Form, wie beispielsweise die Remote Lecture, die Fern-Vorlesung, aus Sicht der Teilnehmer völlig anders darstellt, je nachdem ob sie an Fern- oder Präsenzuniversitäten studieren. Aber auch im Rahmen traditioneller Lehrveranstaltungen ist zu unterscheiden, wie Remote Lectures eingesetzt werden: Sollen sie die herkömmlichen Veranstaltungen ersetzen, werden sich die Konsequenzen aus Studentenperspektive anders darstellen, als wenn beispielsweise in traditionellen Veranstaltungen die Vorlesung eines bekannten Experten zum aktuellen Thema von einer anderen Universität übertragen wird.

Kommunikationsformen

Zu den im Rahmen von Schulungen eingesetzten Kommunikationsmedien gehören neben der E-Mail, die sich durch die Geschwindigkeit der Nachrichtenübermittlung sowie durch die jederzeitige Empfangsbereitschaft auszeichnet, unter anderem Computerkonferenzen, die *live* stattfinden und darin dem Telefon ähneln. Im Vergleich zur electronic Mail ist hier die Interaktivität deutlich höher, allerdings muß die Person, die man erreichen will, auch tatsächlich verfügbar sein. Beide Medien sind schriftorientiert. In Videokonferenzen können die Partner – zwei oder auch mehrere – audiovisuell miteinander kommunizieren. Man unterscheidet zwei Formen: Die klassische gruppenorientierte Videokonferenz und die Arbeitsplatz- beziehungsweise Desktopkonferenz. Eine weitere Unterscheidung bezieht sich auf die Anzahl der Orte beziehungsweise Parteien, die an einer Videokonferenz beteiligt sind: An Point-to-Point-Konferenzen nehmen nur zwei Parteien teil, an Multipoint-Konferenzen mehrere. Bei der klassischen Videokonferenz befindet sich eine Partei, meistens eine Gruppe, in einem speziell dafür eingerichteten Raum – dem sogenannten Videokonferenzstudio. Die Teilnehmer sitzen sich quasi gegenüber: auf der einen Seite die tatsächlich Anwesenden und ihnen gegenüber die Fernsehmonitore, auf denen der oder die Gesprächspartner zu sehen und zu hören sind. Der Nachteil: alle Beteiligten müssen sich in die speziell zu diesem Zweck eingerichteten Räumlichkeiten begeben, die vorher reserviert worden sein müssen, außerdem muß es Absprachen mit den Gesprächspartnern über Zeit und Inhalte geben. Der organisatorische Aufwand ist nicht zu unterschätzen und stellt oft ein zentrales Hindernis für einen regelmäßigen Gebrauch dar.

Unter Desktopkonferenzen versteht man ebenfalls Videokonferenzen, die allerdings – bei entsprechender Hard- und Software-Ausstattung – vom eigenen Arbeitsplatz aus mit Hilfe eines dort vorhandenen Computers geführt werden können. Sie können theoretisch wie ein Telefon benutzt werden: man kann am eigenen Arbeitsplatz und mit mehreren Teilnehmern gleichzeitig konferieren; Texte, Grafiken und mehr können parallel übermittelt und gemeinsam bearbeitet werden. Sie kommen von allen Telekommunikationsmöglichkeiten direkten Kontakten am nächsten. Allerdings lassen technischer Standard und Kosten hier noch zu wünschen übrig. Wahrscheinlich wird erst in den nächsten Jahren der Wettbewerb der Netzanbieter zu niedrigeren Preisen führen.

Empfehlungen

All hier dargestellten Erfahrungen basieren auf dem Einsatz von Videokonferenzen in Schulungen einschließlich betrieblicher Weiterbildungsmaßnahmen, wie sie an der Technischen Universität Berlin angeboten wurden. Ein besonderer Schwerpunkt lag dabei auf dem Vergleich zwischen dem klassischen Direktunterricht und verschiedenen Konferenzsystemen. Die aufgeführten Aspekte dürfen keinesfalls isoliert betrachtet werden, da sie immer alle gleichzeitig Einfluß auf den Erfolg und die Akzeptanz von Telelearningangeboten haben.

Es macht keinen Sinn – weder aus Sicht der Teilnehmer noch aus Sicht der Trainer oder Lehrer –, klassische Schulungen einfach als Fernunterricht anzubieten. Sie müssen nicht nur anders aufgebaut, sondern auch ihr besonderer Nutzen muß einsichtig und deutlich sein. Man sollte auch vermeiden, Fernschulungen und klassische Schulungen gleichen Inhalts parallel anzubieten. Findet dann eine Schulung in mediatisierter Form statt, muß auf einen regelmäßigen Wechsel von Theorie- und Praxisphasen geachtet werden. Dabei müssen diese Schulungen wesentlich stärker als traditionelle Schulungen strukturiert werden. Zusätzlich

Klassische Schulungen lassen sich nicht einfach als Fernunterricht anbieten müssen schon frühzeitig alle Arbeitsmaterialien zur Verfügung stehen. Für die Dozenten bedeutet das natürlich einen deutlichen Mehraufwand.

Vielversprechend erscheint der Ansatz, Fernschulungen als Vor- beziehungsweise Nachbereitung für traditionelle Präsenzschulungen einzusetzen. Als Vorbereitung könnten sie dazu beitragen, allen Kursteilnehmern vergleichbare Vorkenntnisse zur Verfügung zu stellen. Als Nachbereitung, etwa in der Form von Fragestunden, würden sie den Transfer von den eher theoretischen Schulungen in die Praxis erleichtern oder auch überhaupt erst ermöglichen. Generell gilt, daß Fernunterrichtsangebote am besten als Projektunterricht konzipiert werden sollten.

Da die Konzentrationsanforderungen an Teilnehmer von Videokonferenzen höher sind als bei traditionellen Präsenzveranstaltungen, sollte die Länge von Fernschulungen ungefähr 90 Minuten betragen, auf keinen Fall aber 120 Minuten überschreiten. Erfahrungsgemäß sind die Teilnehmer von Fernschulungen eher passiv, was heißt, daß sie weniger Fragen stellen, als wenn der Dozent persönlich anwesend wäre. Hier liegt es wiederum am Schulungsleiter, durch geschickte Fragestellungen möglichst alle Teilnehmer mit einzubeziehen. Dies trifft insbesondere auf klassische Videokonferenzen zu. Hier müssen sich die Teilnehmer sozusagen vor aller Augen an den Dozenten wenden, man muß sich deutlich bemerkbar machen, eventuell sogar aufstehen. Die normalerweise vorhandenen Hemmungen, vor einer Gruppe zu sprechen, werden dadurch deutlich verstärkt. Dafür nimmt die Kommunikation zwischen den Teilnehmern, die sich gemeinsam in einem Raum befinden, deutlich zu und ist teilweise höher als in traditionellen Schulungen.

In Desktopkonferenzen ist dies nicht der Fall: hier besteht ja sozusagen eine private Verbindung mit den Dozenten. Es können zwar durchaus alle mithören, aber die Hemmschwelle, sich zu beteiligen, ist deutlich niedriger als in den klassischen Gruppenkonferenzen. Dies führt allerdings auch dazu, daß sich die Teilnehmer von Desktopkonferenzen kaum miteinander unterhalten, sondern vor allen Dingen Kontakt mit dem Dozenten haben – auch wenn sich alle gemeinsam in einem Raum befinden.

Eine weitere wichtige organisatorische Voraussetzung betrifft die

Rolle der Dozenten: Sie sollten ausschließlich für die Schulungsinhalte zuständig sein und nicht auch noch für technische Fragen oder Bedienungsprobleme.

Individuelle Aspekte

Generell ist zu empfehlen, daß alle Teilnehmer von Fernschulungen sich erst einmal persönlich kennenlernen – auch schon in den Trainingssitzungen. Training bezieht sich auf zwei verschiedene Aspekte, und zwar zum einen auf den Umgang mit dem System, zum anderen aber auch auf das Verhalten der Teilnehmer und Dozenten, das den eingesetzten Kommunikationsmedien angepaßt sein muß. Insbesondere bei Desktopkonferenzprogrammen ist eine gründliche Einarbeitung und eine schriftliche Anleitung notwendig. Man braucht mehr als doppelt soviel Zeit, sich an die veränderten Verhaltensweisen zu gewöhnen, wie man benötigt, den Umgang mit dem System zu erlernen. Beispiel: Obwohl man sich in Videokonferenzen zwar sehen kann, ist ein Blickkontakt fast nie möglich. Dadurch wird normalerweise angezeigt, wen man gerade anspricht. In Videokonferenzen muß man das genau wie am Telefon explizit verbalisieren: Man kann niemanden anschauen und davon ausgehen, daß das auch entsprechend verstanden wird. Da man oft auch nicht erkennen kann, wer gerade spricht, ist es auch notwendig – zumindest zu Beginn und bei einer größeren Zahl von Teilnehmern – sich jedesmal vorzustellen, wenn man das Wort ergreift. Auch für die Dozenten ergeben sich viele Veränderungen: Sie müssen langsamer sprechen und wesentlich öfter Zusammenfassungen und Wiederholungen einschieben.

Technische Aspekte

Allgemein werden Videokonferenzen eher akzeptiert als Audiokonferenzen. Andererseits ist eine Videoverbindung häufig nicht notwendig: eine reine Audioverbindung, die durch die Möglichkeit, Unterrichtsmaterialien wie Texte oder Grafiken zu übertragen, ergänzt würde, kann völlig ausreichen. Generell gilt, daß Desktopkonferenzen von Schulungsteilnehmern positiver beurteilt werden als klassische Videokonferenzen. In beiden Fällen sollte neben den Videobildern der Konferenzteilnehmer auch unbedingt ein Eigenbild vorhanden sein. Ist kein direkter Blickkontakt möglich, muß die Kamera so postiert werden, daß sie sich über den Darstellungen der anderen Konferenzteilnehmer – und nicht rechts oder links davon – befindet.

Für die Dozenten ist es sehr wichtig, eine permanente visuelle Verbindung zu den Teilnehmern zu haben. Ein ausschließlich von den Schulungsteilnehmern initiierter Kontakt kann – sollte er nicht in regelmäßigen Abständen stattfinden – dazu führen, daß bei den Dozenten das Gefühl entsteht, alleine gelassen worden zu sein. Auch wenn eine Videoverbindung im Prinzip nicht notwendig ist, muß sie bestimmten Qualitätsstandards entsprechen. Denn wenn sich die Teilnehmer erst einmal darauf eingestellt haben, daß sie ihre Gesprächspartner sehen können, verlassen sie sich darauf, daß das, was sie sehen, auch aktuell und korrekt ist. Die Qualität der Bewegtbilder muß nicht sehr gut, sollte aber auf jeden Fall konstant sein.

Obwohl der Trend eindeutig in Richtung Videokonferenzen geht, ist eine qualitativ hochwertige Audioverbindung immer noch die wichtigste Voraussetzung für erfolgreiche Telekonferenzen und –schulungen: Man kann sich auch ohne Bild verständigen, allerdings kaum ohne Ton. Darüber hinaus kann eine qualitative hochwertige Audioübertragung qualitativ schlechte Videoübertragungen durchaus kompensieren. Bei Mehrpunktkonferenzen, das heißt bei Konferenzen, an denen mehrere Personen an verschiedenen Orten teilnehmen, empfiehlt sich eine Stereoübertragung, da so die Lokalisation und die Identifikation der einzelnen Teilnehmer erleichtert wird. Mikrophone sollten auch ohne Knopfdruck oder dergleichen jederzeit aktiviert sein, damit der natürliche Redefluß nicht unterbrochen wird. Allgemein werden Lautsprecher bevorzugt, allerdings werden auch Kopfhörer akzeptiert. Beim Einsatz von Lautsprechern sind auftretende Rückkopplungen ein zentrales Problem, so daß der Einsatz einer Echo-Unterdrückung, insbesondere im Zusammenhang mit Freisprechmikrophonen, eine notwendige Voraussetzung darstellt.

Neben der Übertragung von Audio- und Videosignalen muß – sowohl in klassischen Video- als auch in Desktopkonferenzen – unbedingt eine Möglichkeit zur Übertragung von Daten, Texten oder auch

Entscheidend ist
die Tonqualität

Grafiken bestehen – sei es über die gleichen Netze oder mittels Fax. Für
Schulungen ist eine Dokumentenkamera ebenfalls sehr hilfreich und
empfehlenswert. Auch wenn es scheint, daß fast alles, was in traditionellen Schulungen vermittelt wird, auch in Form von Videokonferenzen
angeboten werden kann, so sollte man doch vorsichtig sein, denn als
Faustregel gilt: je höher die Kommunikationsanforderungen, desto weniger sind Teleseminare geeignet. Regelmäßig anfallende Routineinforma-
tionen dagegen sind dafür eher geeignet, zumal wenn schriftliche Informationen nicht ausreichend sind. Hier ist der Nutzen unmittelbar einsichtig, zudem wird das Reisen wegen solcher Informationen häufig als
lästige Pflicht empfunden. Problematisch werden Teleseminare bei Inhalten, über die viel diskutiert werden kann und muß. Das gilt auch für
Einführungsveranstaltungen: die Teilnehmer werden mit neuen Verhaltensweisen, neuen Technologien und neuen Inhalten gleichzeitig kon-
frontiert, darüberhinaus werden hier die Dozenten besonders häufig kon-
taktiert. Daher sollte der Einsatz von Teleschulungen eher auf Aufbau-
und Fortgeschrittenenveranstaltungen beschränkt bleiben.

Fazit

Telelearning stellt per se keine Substitution bestehender Angebote dar,
sondern sollte vor allen Dingen als eine Ergänzung vorhandener Angebote betrachtet werden.

Der Einsatz von Telekommunikationsmedien bietet neben einer
Anreicherung bestehender Angebote völlig neue Möglichkeiten des Lehrens und Lernens.

Um Telekommunikationsmedien sinnvoll und erfolgreich einsetzen
zu können, müssen technische, organisatorische, inhaltliche und individuelle Aspekte gleichermaßen berücksichtigt werden.

Lernen im Internet am Beispiel der Solarenergie

Von Stefan Krauter

Das Internet beziehungsweise das World Wide Web bieten sich überall dort, wo es an einer flächendeckenden Ausstattung mit Ausbildungsstätten mangelt, als äußerst einfach zu bedienende Benutzeroberflächen für Lernzwecke an. Der Zeitaufwand für die Anfahrtwege – und die damit verbundene Emissionsfreisetzung! – entfallen. Der Nutzer ist nicht an feste Orte und Zeiten gebunden, so daß die Lehrinhalte und das Tempo der Lernfortschritte flexibel an ihn angepaßt werden können. Ein positiver Nebeneffekt ist die Reduktion des finanziellen und personellen Aufwands der Lehrveranstaltung. Die Kosten für Fahrwege, Unterrichtsräume und Organisationsaufwand sind bedeutend geringer oder entfallen ganz. Anmeldungen, Lernfortschrittskontrollen und Testauswertungen sowie die Erstellung von Statistiken lassen sich weitgehend automatisieren.

Trotz der großen Wichtigkeit der Solarenergie für die Zukunft der Menschen ist die Ausstattung an Ausbildungseinrichtungen für die Nutzungsmöglichkeiten der solaren Energiewandlung sehr gering. So findet sich in Deutschland keine Möglichkeit, einen Vollzeitstudiengang über Solarenergie zu belegen, allenfalls werden in einzelnen Städten Aufbaustudiengänge oder Kurse bei den Volkshochschulen angeboten. In anderen Ländern, insbesondere dort, wo die Anwendung von Sonnenenergie eigentlich besonders nutzbringend erscheint, ist das Angebot oft noch ungünstiger. Daher bietet sich eine Schulung über Internet nicht nur an – angesichts dringender Probleme wie dem Treibhauseffekt ist sie sogar unabdingbar, da wertvolle Zeit vergeht, bis die schwerfälligen Institutionen vor Ort einen entsprechenden Studiengang anbieten.

Durch die Nutzung des Internets entfallen Anfahrtwege und die damit verbundene Abgasfreisetzung – abgesehen vom finanziellen und zeitlichen Aufwand. Ganz besonders gilt dies für Anwender aus der Dritten Welt: obwohl hier aufgrund der hohen Sonneneinstrahlung, einer fehlenden Energieinfrastruktur sowie einer – bestenfalls – wenig ausgeprägten Konkurrenz zu den Elektrizitätsversorgungsunternehmen das Marktpotential für solartechnische Systeme extrem groß ist, sind gerade in diesen Ländern Ausbildungsstätten kaum vorhanden.

Vielfalt der Lehrinhalte

Die Nutzung der Solarenergie erfordert einen gewissen Kenntnisstand bei allen, die aus beruflichen Gründen, sei es als Ingenieure oder auch als Politiker damit befaßt sind. Eine Vielzahl von Wissensgebieten ist davon berührt: von der Astronomie, etwa zur Bestimmung der theoretisch nutzbaren Sonnenstunden und des aktuellen Sonnenstandes, über die Klimatologie, die Meteorologie oder die physikalische Optik ebenso wie über elektronische, elektrochemische oder auch Architektur-Kenntnisse bis hin zu Fragen des Energiemanagements, der Soziologie oder auch der Politik, um beispielsweise die Rahmenbedingungen des Marktes richtig einschätzen zu können.

Das Thema Solarenergie berührt viele Wissensgebiete – an vielen Orten verteilt

Alle genannten Disziplinen sind bei der technischen Solarenergienutzung miteinander verzahnt und können nicht unabhängig voneinander betrachtet werden. Ein interdisziplinärer Ansatz ist unabdingbar. Da eine vertiefte Forschung in all diesen Bereichen von einer einzelnen Institution kaum zu leisten ist, sollte die Bereitstellung der verschiedenen Lehrinhalte durch eine auf das jeweilige Thema spezialisierte Einrichtung erfolgen. Damit wäre zudem gewährleistet, daß die unmittelbar neuesten Forschungsergebnisse in die Lehre einfließen könnten. Das Sammeln vielfältiger Informationen aus Disziplinen ganz unterschiedlicher Institutionen, die noch dazu geographisch sehr weit voneinander entfernt liegen dürfen, ist nun mittels Internet relativ leicht möglich. Ein *Informationspool* mit Hypertext-Links zu den jeweiligen Einrichtungen als sich selbst aktualisierenden Referenzen wurde jetzt im Bereich der Solarenergienutzung mit dem *Solar-Server* realisiert.

Der Solar-Server

Um das Wissen über die Nutzung der Solarenergie weltweit verfügbar,
laufend aktualisiert, zudem auch relativ preiswert und leicht handhabbar
zur Verfügung zu stellen, war der Einsatz eines Servers im World Wide
Web naheliegend. Dieser Solar-Server bietet jetzt mit seinen redaktionel-
len Beiträgen, seinen Hypertext-Links und seinen Newsgroups eine
höchst aktuelle Informationsbörse und dient als Plattform zur Durchführung von weltweit verfügbaren Ausbildungsprogrammen, außerdem erlaubt er abschließende Tests.

Die Idee eines derartigen weltweiten Informations- und Ausbil-
dungssystems hatte ich während einer Vorstandssitzung des *International
Solar Center e.V. (ISC)* Ende 1994. Realisiert wurde der Solar-Server dann
im April 1995 mit Unterstützung des Instituts für Elektrische Energietechnik an der Technischen Universität Berlin unter ehrenamtlicher Betreuung von Institutsmitarbeitern, Studenten und Mitgliedern des ISC. In
den seither vergangenen 18 Monaten konnten so unter der WWW-Adres-
se http://emsolar.ee.tu-berlin.de über 160 000 Abfragen aus mehr als 40
Ländern beantwortet werden. Ende 1995 gewann der Solar-Server den
Ersten Berliner Solarpreis, was eine Überbrückungsfinanzierung der technischen Ausstattung gewährleistete.

Der Inhalt ist derzeit zu 70 Prozent zweisprachig – deutsch und
englisch – aufgebaut und soll auf fünf Sprachen erweitert werden. Vorgesehen sind zusätzlich französisch-, spanisch- und russischsprachige
Fassungen, um eine noch bessere internationale Nutzung zu ermöglichen.

Inhalt des Solar-Servers

Im Adreßverzeichnis des Servers finden sich alle Informations- und Bera-
tungseinrichtungen, Forschungsinstitute sowie Firmen, die sich mit der
technischen Nutzung von Sonnenenergie beschäftigen. Dabei wurde die
Möglichkeit zur Präsentation außer durch Adreßnennung und eine kurze
Leistungsbeschreibung auch durch eine eigene Homepage geschaffen.
Mittels eingebauter E-Mail-forms können so schnell Interessentenkon-
takte hergestellt werden.

Im solaren Terminkalender werden solarrelevante Ereignisse wie Kongresse, Tagungen, Messen, Ausstellungen, Vorträge und Diskussionsveranstaltungen bekanntgegeben. In Anbetracht der vielen Eintragungen wurde eine Gliederung nach regionalen, nationalen und internationalen Ereignissen vorgenommen. Informationen über die aktuelle Fördersituation für alle Arten regenerativer Energieerzeugung auf kommunaler, landesweiter, bundesweiter, europäischer und UN-Ebene sind in der Rubrik Förderrichtlinien abgelegt. Ein Bildarchiv für regenerative Energiequellen ist im Entstehen. Bereits jetzt finden sich darin verschiedene Foto- und Grafik-Beiträge für die Nutzungsmöglichkeiten von Solarenergie sowie Bilder von Kongressen und Wettbewerben aus der ganzen Welt. Durch spezielle Newsgroups für regenerative Energiequellen wird schließlich ein weltweiter Gedanken- und Erfahrungsaustausch initiiert.

Virtuelles Internationales Solar Center

Da die administrative, finanzielle, planerische und bauliche Tätigkeit zum Internationalen Solar Center in der Nähe des Hauptbahnhofs in Berlin noch nicht weit fortgeschritten ist, wurde vom Vorstand und der Geschäftsführung des ISC beschlossen, einen Großteil der Informations- und Servicedienstleistungen des ISC vorweg auf ein Virtuelles Internationales Solar Center (VISC) im Solar-Server zu verlagern und mit den bereits installierten Informationssystemen zu koppeln. Zusätzlich sind verschiedene Marketing-Tools zur weltweiten Nutzer- und Investorenakquise vorgesehen.

Solarer Unterricht

Als Vorläufer eines später entwickelten Solar-Lehrers findet sich gegenwärtig ein von mir entwickelte STS (Solar Teaching System) auf reiner HTML-Basis im Solar Server. Dabei handelt es sich um eine interaktive Dia-Show mit Erklärungen und anforderbaren vertiefenden Erläuterungen. Der Benutzer wird in die Energieproblematik eingeführt, erfährt von dem Potential der nutzbaren Sonnenenergie und erhält Informationen über die technischen Umsetzungmöglichkeiten der Solarthermie und der Photovoltaik. Anhand von Bildern von realisierten Beispielen kann er ein

Gefühl für die Möglichkeiten der architektonischen Integration entwikkeln.

Dieses System wird parallel zu anderen Entwicklungen beibehalten und auf HTML-Basis, gegebenenfalls noch mit Unterstützung von Java-Software, weiterentwickelt. In Entwicklung befindet sich am Institut für Elektrische Energietechnik zudem das Lernsystem ILSE (Interaktives Lernsystem für Solar-Energie) von Volker Quaschning – ebenfalls auf HTML-Basis. Vom Preisgeld des Berliner Solarpreises wurde eine aufwendige Entwicklungssoftware zur Erstellung von multimedialen Lernprogrammen auf der Basis von CBT (Computer Based Training) angeschafft und der Solar-Lehrer erstellt.

Solar-Lehrer

Im Rahmen einer Studienarbeit am Institut für Elektrische Energietechnik wurde unter meiner Leitung in Zusammenarbeit mit dem Multimediabeauftragten der Berliner Greenpeace-Gruppe Kai Laborenz ein Multimediaprogramm zur Solar-Ausbildung namens Solar-Lehrer erstellt. Der Lehrinhalt gliedert sich in die Schwerpunkte Energieverbrauch, Sonnenenergie, Umwandlung von Sonnenenergie, Wirtschaftlichkeitsbetrachtungen sowie Marketing und Informationsgewinnung. Am Ende des Programms steht ein Abschlußtest.

Die Art der eingesetzten Software (Authorware 3.0 und Director 5.0) gestattet sowohl die Offline-Nutzung über Diskette beziehungsweise CD-ROM als auch einen problemlosen Online-Zugang über Internet beziehungsweise WWW, so daß das Programm weltweit zur Verfügung steht, trotzdem aber eine Betreuung des Lernenden stattfinden kann.

Fazit

Trotz der genannten Vorteile bringt das gemeinsame Lernen über Internet und WWW sicherlich nicht die soziale Nähe wie ein gemeinsamer Schulbesuch. Geeignete Kommunikationsmittel wie E-Mail, Newsgroups, eigene Homepages mit persönlicher Vorstellung oder Bildtelefon können hier gleichwohl manches ausgleichen. Fraglich ist nicht zuletzt, ob der Besuch einer „realen" Unterrichtsveranstaltung in ihrer willkürlichen Zusammensetzung – oft entsteht eine Konkurrenzsituation – dem Sozialverhalten wirklich förderlich ist. Die durch den Wegfall der Fahrwege und das effizientere Lernen gewonnene Zeit kann beim Lernen im Netz in wirklich *gewollte* soziale Kontakte investiert werden. Die Entstehungsgeschichte dieses Beitrags veranschaulicht übrigens selbst am besten die Möglichkeiten der weltweiten dezentralen Informationsverarbeitung: Das Konzept des Beitrags entstand in Berlin, der Text wurde während zweier Interkontinentalflüge auf einem Psion 3a verfaßt und in Rio de Janeiro, Brasilien, fertiggestellt. Anschließend sowohl in Berlin als auch in Rio über E-Mail ausgetauscht und redigiert und schließlich online zu den Herausgebern nach Düsseldorf geschickt.

DIALEKT – Hypermedia Learnware in der Universität

Von Nicolas Apostolopoulos, Albert Geukes und Stefan Zimmermann

In der heutigen Informationsgesellschaft besteht eine wachsende Nachfrage nach einem kostengünstigen Angebot digitaler Lernsoftware, die ein Just-in-time-Lernen ermöglicht und dem Lernenden dadurch zu mehr Flexibilität verhilft. Aktuelle technische Entwicklungen in der Telematik und im Multimediabereich eröffnen neue Erstellungs- und Verteilungsmöglichkeiten für derartiges Lernmaterial. Eine Vielzahl von Ansätzen hat bereits positive Testergebnisse erzielt. Inwieweit die Einbeziehung menschlicher Fachexperten beim Lernen mit computergestütztem Material weiterhin erforderlich sein wird, ist derzeit noch Gegenstand verschiedener Untersuchungen.

Die Umwandlung an der Universität angebotener Lehrinhalte in computergestütztes, digitales Multimedia-Lernmaterial, sogenannte Learnware, bringt Probleme und Chancen mit sich. Wir wollen mit unserem Beitrag den Weg vorstellen, den die DIALEKT-Lehreinheiten (Digitale Interaktive Lektionen) dabei im Hochschulbereich beschreiten. Über ein Hochgeschwindigkeits-Breitband-Netz abrufbar, reduzieren sie die synchrone Interaktion des Lernenden mit dem Dozenten auf ein Minimum. Um die Akzeptanz von DIALEKT-Lernmaterial zu erhöhen, wurde ein neuartiges, auf einem integrierten Konzept beruhendes Modell entwickelt. Viele Unzulänglichkeiten herkömmlicher computergestützter Lernformen, wie zum Beispiel des Computer Based Trainings (CBT), aber auch fortschrittlicher Fernlernmethoden konnten beseitigt werden. Durch die Kombination einer realitätsnahen *Story*, die die Vermittlung theoretischer Grundlagen unterstützt, mit einer dazugehörigen

Fallstudie – als Übungskomponente – gewinnen die zu erlernenden Inhalte an Plastizität. Die Verwendung interaktiver Videosequenzen ist hierbei von entscheidender Bedeutung für die Veranschaulichung der inhaltlichen Problemstellung und die Führung des Lernenden durch die einzelnen Abschnitte der Lehreinheit.

DIALEKT-Lehreinheiten machen intensiven Gebrauch von Computeranimationen und –simulationen sowie Hyperlink-Strukturen. Die Autorenschnittstelle folgt dem Konzept von Hyperlink-Skripten und gestattet die problemlose Integration aller benötigten Medien. Zugunsten einer einfachen und effizienten Nutzung multimediaorientierter Präsentationswerkzeuge wurde ein passendes Framework für Programmierer entwikkelt. Dabei wurden Bildschirmgestaltung, Interaktivität und gute Audio- und Videoqualität an den Benutzerschnittstellen besonders berücksichtigt. Die Lehreinheiten werden in komprimierter Form auf einem UNIX-Server gespeichert und können auf preisgünstigen Multimedia-Windows-PCs eingesetzt werden.

Die ersten Auswertungsergebnisse belegen eine hohe Akzeptanz unter den Studenten. Es ist also durchaus denkbar, daß qualitativ hochwertige Multimedia-Lehreinheiten in Zukunft eine ernsthafte Konkurrenz für schlechte Dozenten darstellen werden.

Mit über 5000 Studenten und 120 Dozenten ist der Fachbereich Wirtschaftswissenschaft der Freien Universität Berlin einer der größten in der Bundesrepublik Deutschland. Dabei ergeben sich in Grund- und Hauptstudium zwangsläufig überfüllte Lehrveranstaltungen, deren Effizienz von Studenten wie Dozenten als ungenügend empfunden wird, da eine angemessene Betreuung des einzelnen nicht gegeben ist. Dieses Problem ist bisher mit Tutorien aufgefangen worden, die jedoch durch erhöhte Personalaufwendungen auf Dauer zu kostspielig sind. Derartige Mängel sollen nun mit Hilfe interaktiver, hypermedialer Lehrveranstaltungen behoben werden.

Eine Vielzahl von Auswertungen der Lehrqualität an der Fakultät hat ergeben, daß zwischen der Betreuungsintensität und erzielten Lernerfolgen ein direkter Zusammenhang besteht. Die neue Lernmethode soll es jetzt den Studenten ermöglichen, sich – je nach vorhandenem Wissens-

Konkurrenz für schlechte Dozenten

stand – die wesentlichen Grundzüge einer Thematik selbst anzueignen oder bereits absolvierte Lehrveranstaltungen nachträglich durchzuarbeiten. Somit wird die Lehre effizienter gestaltet und die Gesamtstudiendauer – in der Bundesrepublik ein in letzter Zeit kontrovers diskutiertes Thema – verkürzt. Dies hat außerdem zur direkten Folge, daß den Dozenten im regulären Unterricht mehr Zeit für fachliche Diskussionen und die Erörterung aktueller Problematiken bleibt.

Grundzüge der DIALEKT-Lehreinheiten

Unter Berücksichtigung der Erfahrungen aus anderen Projekten ist das Hauptziel von DIALEKT die Produktion verteilten, multimedialen Lernmaterials, das Studenten so weit wie möglich in die Lage versetzt, selbständig und möglichst ohne Interaktion mit Dozenten beziehungsweise Experten zu lernen.

Dieses Hauptziel wurde um weitere Ziele ergänzt: Theorie und Praxis sollen über eine konkrete Fallstudie miteinander verknüpft werden, das User-Interface muß intuitiv handhabbar und attraktiv und die Endgeräte weitverbreitete, multimediafähige PCs sein. Wichtig ist zudem, daß die Verteilung von Applikationen über eine vorhandene Netz-Infrastruktur ermöglicht wird. Das technische Modell muß bei alledem den variablen Anforderungen der Lehrkräfte gerecht werden. Das Lernmodell schließlich sollte offen für neue Entwicklungen aus Forschung und Industrie sein und der Anteil an Eigenentwicklungen möglichst gering gehalten werden.

Das DIALEKT-Grundkonzept geht von der Annahme aus, daß Lernen mit dem Computer und insbesondere das freie Navigieren durch einen klar abgegrenzten Wissensraum – wie zum Beispiel den einer Lehreinheit – stark vereinfacht und um einiges erfolgversprechender gestaltet werden könnte, wenn die jeweilige Lehreinheit Teil einer angemessen wirklichkeitsnahen, auf interaktivem Video basierenden Story wäre. Diese Story zieht sich als *roter Faden* und damit Hauptnavigationswerkzeug durch die gesamte Anwendung. Der Dozent kann zwar innerhalb der Story aktiv eine Rolle verkörpern, wird jedoch als übergeordnete fachliche Autorität diese eher beurteilen und ergänzen. Die Interaktion

Navigationswerkzeug ist eine „Story"

mit der Videokomponente der Lehreinheit über sensitive Bildschirmbereiche (hot spots) bildet zusammen mit allen anderen etablierten Möglichkeiten der Computerrepräsentation und –navigation, also mit Animationen, Hyperlinks, History und weiteren, die DIALEKT-Lehreinheit. Diese neuartige Kombination macht viele der bisherigen Nachteile computergestützten Lernens wett, insbesondere die oft mangelhafte Attraktivität der Darstellung umfangreicher Inhalte.

Um diesem Konzept gerecht zu werden, ist ein Framework – ein Gerüst – für die Erstellung und den Einsatz von DIALEKT-Anwendungen vonnöten, das alle Komponenten der Lehreinheit einschließt: Textmaterial, Kalkulationen und grafische Aufbereitung, Einbindung des Dozenten und erläuternde Story. Da die Paßgenauigkeit der Story von größter Wichtigkeit ist, muß hier in der Planungsphase besonders sorgfältig gearbeitet werden. Der Begriff *Story* als Richtschnur deckt ein weites Bedeutungsspektrum ab: auch Spiele können als wertvolle und kreative Storys aufgefaßt werden. Und in der Tat sind Spiele in künstlichen Lernumgebungen oft sehr förderlich. Hier muß die Rolle des realen Dozenten und dessen Interaktion mit Story, Theorie und Computeranwendungen, die während der Lehreinheit genutzt werden, genau definiert werden, wobei die Autorität des Lehrenden als Fachexperte an keiner Stelle der Lehreinheit in Frage gestellt werden darf.

Das DIALEKT-Projekt unterscheidet sich insofern von früheren Arbeiten zu diesem Thema, als erstmalig der Versuch unternommen wird, alle benötigten Quellen und Medien einzubeziehen. Der Übergang von der schematischen Darstellung von Fakten zu einer lebendigen Form der Wissensvermittlung wird vereinfacht durch die unmittelbare Mitbeteiligung der Lehrkraft beziehungsweise durch die Veranschaulichung konkreter Anwendungsgebiete sowie die Integration realer Fallstudien in eine digitale Lehreinheit, die von einer fortlaufenden Story vorangetrieben wird. Kommentare zu Realbeispielen und Forschungsberichten sowie Erläuterungen der Dozenten können in Form von Videosequenzen hinzugefügt werden.

Für die nahtlose Integration der wichtigsten Elemente einer DIALEKT-Lehreinheit muß ein umfassendes Konzept erstellt werden. Dieser

Prozeß ist kompliziert und recht kostenintensiv, so daß sich die Frage stellt, welche Art von Lehrveranstaltung und Wissen in digitale Lehreinheiten umgewandelt werden soll und was man sich davon verspricht. Theorien, die aufgrund technischer Innovationen schnell ihre Gültigkeit verlieren, sind hier sicherlich nicht tauglich. Dasselbe gilt für Themen, bei denen auf grafische Darstellungen weitestgehend verzichtet werden kann. Um es gleich vorwegzunehmen: Es kann nicht das Ziel von DIALEKT sein, ein komplettes Studium auf Abruf zu liefern, sondern vielmehr aktiv bei der Vor- und Nachbereitung realer Lehrveranstaltungen behilflich zu sein.

Nach verschiedenen Experimenten entschied sich das Projektteam bei der Erstellung von digitalem Lernmaterial für das folgende Lernmodell: Theorie und Praxis sollten durch Einsatz einer praktischen Fallstudie gekoppelt werden. Durch die Lehreinheit soll eine guided tour in Form einer geeigneten Story führen. Wichtig waren darüberhinaus die Erstellung einer intuitiven, aber auch ästhetisch attraktiven Benutzeroberfläche und die Einbeziehung von motivierenden Elementen für den Lernenden. Dazu gehören natürlich auch die üblichen computergestützten Instrumente der Wissensrepräsentation wie Animation, Simulation, Hyperlinks zu verwandten Wissensdomänen sowie Kalkulation und *what-if*-Analysen.

Die DIALEKT-Entwicklungsumgebung

Bei der Festlegung der Entwicklungsumgebung mußten einige Einschränkungen in Kauf genommen werden, die sich insbesondere durch die Projektziele und das Profil der Zielanwender ergaben: Erstens muß bedacht werden, daß Dozenten und Studenten in den assoziierten Fakultäten vorrangig PCs mit der dafür gebräuchlichen Betriebssystem-Software nutzen. Zweitens ist durch die angestrebte hohe Videoqualität und den Mangel an Speicherkapazität bei Servern und Clients sowie aufgrund der derzeitigen Übertragungsgeschwindigkeiten innerhalb der Netzwerke die Nutzung von Videokompressions- und Dekompressionsmechanismen unverzichtbar. Für DIALEKT wurde deshalb das MPEG-1-Format gewählt. Darüber hinaus setzen ständig anwachsende Mengen zu speichernder

Multimedia-Daten eine leicht skalierbare Serverplattform voraus. Und schließlich sollte die eingesetzte Software-Entwicklungsumgebung die notwendige Flexibilität für die Implementierung adäquater Interaktions- und Navigationsmodelle liefern. Strategischen Charakter hat zudem die Wahl der passenden Entwicklungsumgebung für die Clientseite der Applikationen.

An wirtschaftswissenschaftlichen Fakultäten wird überwiegend DOS/Windows benutzt. Für diese Basis wird auf dem Markt eine Reihe spezialisierter Autorensysteme angeboten, doch erste Prototyping-Versuche mit diesen Autorenwerkzeugen verliefen ohne erfolgversprechende Ergebnisse. Die unzureichenden Programmierschnittstellen sowie die nicht adäquate Funktionalität der zugrundeliegenden Skriptsprache sind hier als besondere Schwachstellen zu nennen. Daher stiegen wir auf Visual Basic als Hauptautoren- und Programmierumgebung um, um die angestrebte Kombination aus Flexibilität und Produktivität zu erlangen.

Implementierungs-Prozeß

Für das Projekt war es von Anfang an wichtig, Aspekte der Produktivität und Wirtschaftlichkeit in den Produktionsablauf zu integrieren. Dies hatte ganz konkrete Auswirkungen für die Phasen der Vorbereitung und Implementierung. Eine didaktisch fundierte Lehranwendung, die sich eines anspruchsvollen Medieneinsatzes bedient, kann nur durch ein ausgesuchtes Team von Spezialisten aus verschiedenen Domänen realisiert werden. Zudem kann nicht davon ausgegangen werden, daß Autoren auch gleichzeitig Programmierer sind. Es mußte also eine Beschreibungssprache ermittelt werden, die es den Autoren erlaubt, die vorstrukturierten Inhalte und didaktischen beziehungsweise dramaturgischen Ideen so zu formulieren, daß sie von den Programmierern leicht verstanden und entsprechend umgesetzt werden können: sogenannte Hypermedia Storyboards. Auch bei der Strukturierung des Vorgehens im Gesamtprojekt werden etablierte, methodische Vorbilder herangezogen und – wo sinnvoll – um die Besonderheiten bei der Erstellung digitaler Lektionen ergänzt. Dabei lehnt sich die Produktion von DIALEKT-Lehreinheiten an den klassischen Software-Life-Cycle an.

Eine DIALEKT-Lehreinheit

Die erste DIALEKT-Lehreinheit ist Bestandteil des Seminars Weiterbilden-
des Studium: Marketing und technischer Vertrieb an der Freien Universi-
tät Berlin und basiert inhaltlich auf einer Fallstudie mit dem Namen
Optical Distortion Inc. (ODI), die in den späten 60er Jahren von der
Harvard Business School entwickelt wurde. Diese behandelt theoretische
Aspekte und Probleme der Einführung neuer, innovativer Produkte am
Markt. Während des Aufarbeitens der einzelnen Schwerpunkte der Fall-
studie in mehreren Schritten erhalten die Seminarteilnehmer detaillierte
Informationen über das Unternehmen und das Produkt sowie relevante
Marktdaten.

Ein fundiertes Wissen um Marketingstrategien und -instrumente ist
hier ebenso Voraussetzung wie die Kenntnis mathematischer Modelle zur
Abbildung beziehungsweise Simulation des Diffusionsverhaltens innovativer Produkte. Eine Auswahl von Exkursen gewährt den Seminarteilneh-
mern zusätzlich Einblick in allgemeine theoretische Ansätze und Analysetechniken. Ziel des Seminars ist es, mit Hilfe der Kernaussagen der
Diffusionstheorie eine Marketingstrategie für die erfolgreiche Marktein-
führung des neuen Produktes zu entwerfen.

Ein wesentliches Merkmal sind die je nach Teilnehmerkreis differie-
renden didaktischen Zielsetzungen. Die studentischen Teilnehmer haben
in der Regel Schwierigkeiten mit der Umsetzung theoretischen Wissens in
konkrete Entscheidungen. Hier soll die Fallstudie Abhilfe schaffen, indem
sie die Studenten in die Rolle von Entscheidungsträgern versetzt. Die
teilnehmenden Praktiker hingegen, die mit derartigen Entscheidungspro-
zessen aus ihrem beruflichen Umfeld bereits vertraut sind, stehen eher
vor dem Problem, den theoretischen Hintergrund der (mathematischen)
Modellbildung erfassen zu müssen. Die Fallstudie soll ihnen verdeutlichen, wie die Qualität von Entscheidungen mittels verbesserter Informa-
tionsstrukturierung und Analysetechniken gesteigert werden kann, wenn
fundamentale theoretische Ansätze in den Problemlösungsprozeß eingebracht werden.

Die ausgewählte Story handelt von einem kleinen Unternehmen,
welches ein patentiertes Produkt zur Lösung der Kannibalismus-Poble-

matik auf großen Geflügelfarmen entwickelt hat. Die Geschäftsleitung wirbt eine junge Marketingexpertin an, deren Aufgabe es sein wird, eine Marketingstrategie für die Einführung des neuen Produktes am Markt auszuarbeiten.

Die junge Marketingexpertin hat Zugang zu digitalen Nachschlagewerken mit Theoriewissen und einigen Arbeitsmitteln wie beispielsweise Computerprogrammen, die ihr die Lösung der gestellten Aufgabe erleichtern sollen. Im Falle eines auftretenden Problems kann sie auf die Expertise eines befreundeten Universitätsprofessors in der Rolle eines senior consultant zurückgreifen. Im Verlauf der Story führt sie dieser Dialog von Theoriethemen hin zu den empfohlenen Übungen. Die junge Expertin erhält schließlich die Möglichkeit, die Ergebnisse ihrer Kalkulation durch das System so weit evaluieren zu lassen, daß sie Hinweise zur Erfolgsaussicht ihrer Parameterschätzungen erhält. Schnittstellen zur *Außenwelt*, zum Beispiel zu anderen Anwendungen oder zum Informationsforum WWW, werden ebenso bereitgestellt wie eine Guided Tour durch die Lehreinheit.

Nachdem der Anwender die Lehreinheit absolviert hat, erhält er die Möglichkeit, der Videoaufzeichnung eines Expertengesprächs beizuwohnen, in dem drei Hochschulprofessoren bekannter Marketinglehrstühle die Grundlagen und Kernaussagen der Diffusionstheorie kontrovers diskutieren.

Um auch hier einen hohen Grad an Interaktion zu gewährleisten, wird eine dynamische Keyword-Liste aufgebaut, die es dem Anwender ermöglicht, sich Zusatzinformationen zu den gerade diskutierten Problemen und genannten Begriffen zu verschaffen. Es dauert einige Stunden, bis der Student die gesamte DIALEKT-Lehreinheit durchlaufen und alle Übungen bearbeitet hat.

Berlin verfügt über drei große Universitäten mit über 100 000 Studenten sowie eine große Anzahl Forschungs- und Ausbildungseinrichtungen, die über das gesamte Stadtgebiet verstreut sind. Viele der Studenten würden gerne – ohne den entsprechenden Zeit- und Kostenaufwand für die Wegstrecken – an den Veranstaltungen dieser Institutionen teilnehmen. Ebenso können sich viele Dozenten vorstellen, mit Kollegen *gemeinsame Lektionen anzubieten,* sofern sie durch eine adäquate Infrastruktur unterstützt würden. Daraus läßt sich ein weiteres Ziel des Projekts DIALEKT ableiten: Die digitale Verteilung interaktiver, hypermedialer Lehreinheiten für Studenten wirtschaftswissenschaftlicher Fakultäten. In Multimedia-PC-Pools sollen die Studenten in der Lage sein, über ein Breitband-Netzwerk auf das angebotene digitale Lehrmaterial zuzugreifen.

Fazit

Bei einem genaueren Blick auf die gesammelten Erfahrungen wird schnell klar, daß die Kosten für die Entwicklung und zügige Verteilung digitaler Lehreinheiten noch immer beträchtlich sind. Daraus lassen sich die folgenden Verbesserungsansätze ableiten: Produktivitätssteigerungen sind unverzichtbar. Die Erstellung digitaler Lehreinheiten unter ökonomischen Gesichtspunkten ist eine zwingende Voraussetzung, um derartig zukunftsweisendes Lernmaterial als neuartiges, ergänzendes Lehrinstrument im Hochschulbereich zu etablieren.

Je weniger Verständigungsschwierigkeiten es zwischen Fachexperten beziehungsweise Autoren und Programmierern gibt, desto besser funktionieren Implementierung sowie inhalts- und didaktikbezogener Wissenstransfer. Daraus ergibt sich, daß die hierfür benötigten Beschreibungswerkzeuge, das Hypermedia Blueprinting, perfektioniert werden müssen. Zusätzlich sollten leistungsstarke Produktionswerkzeuge die Produktivität insgesamt erhöhen.

Das Internet mit seiner bisher geringen Interaktivität und seinem einfachen Datenmodell wird weiterzuentwickeln sein, Mischansätze wie die Einbindung des WWW oder einer IP-Schnittstelle werden neue synergetische Effekte schaffen.

Künftige Applikationen werden eine größere Anzahl besserer hypermedialer Objekte zwingend voraussetzen. Die Speicherung und Verteilung komplexer Objekte muß sich diesem Trend anpassen. Als wiederverwendbare Objekte ausgelegt, werden sie das gesamte Leistungs- und Rentabilitätsniveau anheben.

Zum Projektierungsumfang künftiger Applikationen sollten –

schon aus ökonomischen Gründen – Durchführbarkeitsstudien und Recherchen zur Aktualität des jeweiligen Sachgebiets gehören. Schließlich ist auch der Einsatz (wissenschaftlicher) Spiele zu erwägen, um digitale Lehreinheiten als alltägliche Lernhilfen weiter zu vervollkommnen und zu etablieren.

Neue Medien in der Wissenschaft

Von Werner Dewitz

In allen Bereichen der Forschung ist der Rechner ein Arbeitsgerät, das
zu den verschiedensten Aufgaben eingesetzt wird. Wir finden den
Computer in der Kunstgeschichte zur Enträtselung alter Meister oder
zur Analyse und zum Vergleich der Malstile ebenso wie in der Erder-
kundung zur Kartographierung der Erde oder zur Ortung von Boden-
schätzen; in der Physik dient er unter anderem zur Simulation von
Versuchen, in der Pharmakologie beispielsweise zur Erprobung von
Molekülen, die zu einem bestimmten Substrat im menschlichen Körper
passen, um auf diese Weise neue Arzneimittel zu finden und Tierver-
suche einzusparen. Um seine Vielseitigkeit zu beschreiben, ließen sich
noch unendlich viele Beispiele aus den Geistes- oder Naturwissen-
schaften, der Biologie oder der Medizin aufzählen, wo er nicht nur als
ein Instrument der Forschung, sondern auch als ein Hilfsmittel der
Diagnostik und Therapie in vielfacher Weise Verwendung findet.

Es ist das Forschungsziel, das in diesen Bereichen die Methode
bestimmt hat: für den Computer müssen hier keine Anwendungs-
beispiele gesucht werden, um seine Leistungsfähigkeit zu demonstrieren, wie das im kommerziellen Bereich häufig der Fall ist. In der
Forschung wachsen die Aufgaben dem Computer zu; und so sollte es
auch im Bereich Lehre und Studium sein, wenn rechnergestützte Methoden zur Wissensvermittlung eingesetzt werden.

Vielfach wird an den Begriff „Multimedia" heute die Erwartung
grenzenloser Möglichkeiten zur Darstellung wissenschaftlicher Inhalte
geknüpft. Wenn dies auch nicht völlig falsch ist – es besteht die Gefahr,
daß hier eine sich neu herausbildende Lehrmethode mit Inhalten über-

frachtet wird, die auch einfacher und weniger kostenintensiv gelehrt und vermittelt werden könnten. Es sollte stets sichergestellt sein, daß mit jedem neuen Medium auch wirklich Neues und Besseres erreicht wird.

Neue Medien: von der Forschung in die Lehre

Anhand eines Projekt-Beispiels aus der Meteorologie, in das die Zentraleinrichtung für Audiovisuelle Medien (ZEAM) der Freien Universität (FU) Berlin seit Jahren involviert ist, soll hier aufgezeigt werden, wie dem Rechner Aufgaben zunächst in der Forschung zugewachsen sind und wie aus diesen Erfahrungen dann Multimedia-Anwendungen für die Lehre wurden. Anschließend sollen dafür theoretische Grundlagen geliefert werden.

Anfang der 70er Jahre begannen Meteorologen der FU in Zusammenarbeit mit der ZEAM, aus den Bildern geostationärer Wettersatelliten 16 Millimeter-Filme zu produzieren. Diese Bilder werden alle 30 Minuten zur Erde übertragen und stellen auf diese Weise die Atmosphäre „von oben" dar. So erhielten wir Bewegtbildsequenzen über 24 Stunden und mehr, welche die atmosphärischen Vorgänge in ihrem raum-zeitlichen Verhalten mit allen dynamischen Scales wiedergaben und in der Vor- und Rückwärtsprojektion beobachtet und erforscht werden konnten.

Im weiteren Verlauf des Forschungsprojektes erhielt die ZEAM ein Fernterminal, das über DATEX-P-Leitung mit damals, 1984, stolzen 9600 Bits per second (bps) mit der Deutschen Forschungs- und Versuchsanstalt für Luft- und Raumfahrt (DLR) in Oberpfaffenhofen verbunden war. Nun war es möglich, die Satellitenbilder direkt aus dem Großrechner der DLR abzurufen und am Terminal in der ZEAM zu analysieren und weiterzuverarbeiten. Das hatte jedoch den Nachteil, daß nur vor Ort am Rechner die Untersuchungen durchgeführt werden konnten. Auch die Studenten konnten nur an diesem einen Terminal mit der neuen Methode vertraut gemacht werden.

Eine weitere Schwierigkeit bereitete die durch die Satelliten anfallende Fülle von Daten, die mangels ökonomisch einsetzbarer Datenträger bis dahin in nur höchst unbefriedigendem Umfang zu Bewegungsszenen verarbeitet werden konnte. Die Entwicklung der Bildplatte bot schließlich ein didaktisches Hilfsmittel, das bis dahin nicht gekannte Möglichkeiten zur Veranschaulichung von atmosphärischen Erscheinungen eröffnete. Durch Verbindung des Bildplattenspielers mit einem Personal Computer wurde es möglich, nicht nur Erweiterungen hinsichtlich der Simulation zu erzielen, sondern hypermediale Wissensbasen anzulegen, die zu jedem Einzelbild auf der Bildplatte zusätzliche Informationen liefern konnten.

Mit der Bildplattentechnologie wurde es möglich, vorhandenes oder anfallendes Bildmaterial kontinuierlich und höchst systematisch aufzuarbeiten und ein Archiv von Anschauungs- und Grundlagenmaterial vieler atmosphärischer Phänomene anzulegen und zu präsentieren, das jedem Nutzer in Forschung und Lehre die Generierung von Bewegungsszenen nach seinen speziellen Bedürfnissen und ohne großen Aufwand erlaubt. Bildplattentechnologie und Wettersatellitenbilder bieten die ideale Struktur, um sämtliche Zugriffsmöglichkeiten nicht nur spielerisch, sondern wissenschaftlich und didaktisch sinnvoll zum Tragen zu bringen. Diese Technologie wurde inzwischen durch die reine Digitaltechnik abgelöst.

Die analoge Bildplatte gehört der Vergangenheit an, obwohl sie sich als Datenträger weiterhin durch hervorragende Bildqualität, technische Stabilität und Zugriffsgeschwindigkeit auszeichnet und auch rückwärts abgespielt werden kann, was für die Analyse der Wetterphänomene eine besondere Bedeutung hat. Im Rückwärtslauf ist es nämlich leichter, den Ursprung des Wettergeschehens aufzufinden. Heute arbeiten wir voll digital mit Netzwerktechnik, speichern unsere Produkte auf einem Netzserver oder wir produzieren CD-ROMs. Die Unterschiede spielen für die Beschreibung des Prinzips der inhaltlichen Gestaltung nur eine untergeordnete Rolle.

Das Produkt: die METEO DISC

Die seinerzeitige Produktion einer Bildplatte erfolgte in enger Kooperation zwischen Wissenschaftlern verschiedener Fachgebiete. Eine erfolgreiche Umsetzung wissenschaftlicher Inhalte mit Mitarbeitern aus unterschiedlichen Fachgebieten kann nur gelingen, wenn alle Beteiligten durch beständige Kommunikation verstehen lernen, was inhaltlich-didaktisch erforderlich ist und was das Screen Design beziehungsweise die Medientechnik verlangt.

Das Produkt, die METEO DISC, wurde als sogenannte Resource Disc konzipiert. Sie enthält etwa 600 Bildsequenzen geostationärer und polarumlaufender Wettersalliten. Über eine serielle Schnittstelle können PC und Bildplattenspieler kommunizieren. Beliebige Sequenzen können vom Rechner angesteuert und manipuliert werden. Darüberhinaus ist rechnerseitig der Aufbau einer eigenen, szenenorientierten Wissensbasis möglich; Stichwörter, Daten zu jedem Einzelbild, Kommentare, Literaturhinweise und Lernprogramme können dargestellt und mit den Bilddaten auf der Platte verknüpft werden.

METEO DISC wurde weltweit etwa einhundertmal an meteorologische Forschungs- und Lehrstätten verkauft und dient uns heute als Grundlage für ein Projekt auf europäischer Ebene, in das die ZEAM aufgrund dieser Vorarbeiten einbezogen wurde, das Projekt EuroMET.

An dem Projekt EuroMET sind derzeit 22 europäische meteorologische Hochschuleinrichtungen beteiligt. Ziel des EuroMET-Projektes ist, für die Ausbildung angehender Meteorologen und Meteorologinnen über Internet abrufbare Lehr- und Lerneinheiten zu erstellen. Fünf europäische Hochschuleinrichtungen, darunter die ZEAM, sind die Produzenten des Materials, das mehrsprachig hergestellt und auf Netz-Servern abgelegt wird. Die Anwender werden das Material vom Server abrufen, im Hochschulunterricht einsetzen und evaluieren.

Europaweiter Unterricht im Internet

Wie der kurze Erfahrungsbericht zeigt, boten die Erforschung von Wettersatellitenbildern und die Vermittlung des dabei erlangten Wissens ideale Voraussetzungen, die Möglichkeiten zu nutzen, die die Multimedia-Welt für Forschung und Lehre bietet. Die komplexen Vorgänge eines chaotischen Systems wie der Wetterentwicklung konnten nur mit den Methoden der elektronischen Datenverarbeitung und dem Einsatz neuer Bilddatenträger zuverlässig erfaßt werden. Nicht zuletzt ist gerade in diesem Projekt die visuelle Wahrnehmung für das Verständnis von großer Bedeutung.

Bei der Gestaltung multimedialer Anwendungen, die in Lehre und Studium Verwendung finden sollen, spielt die Zielgruppe eine wesentliche Rolle. Studenten, insbesondere denen, die sich auf das Staatsexamen vorbereiten, ist mit einem offenen Informationssystem mehr gedient als mit einem Lernprogramm, das den Nutzer fest in ein Verlaufsschema einbindet. METEO DISC wurde aus diesem Grunde als sogenannte Resource Disc konzipiert. Sie bietet nicht nur dem Lehrenden die Möglichkeit, ein Unterrichtsprogramm selbst zusammenzustellen und dessen Ablauf unter Umständen zu programmieren, sondern sie gibt auch dem Lernenden die Chance, aus der Disc nur die tatsächlich benötigten Informationen herauszuziehen. Deshalb sind die meisten Wetterphänomene unkommentiert geblieben, obwohl wir vom Film her wissen, daß synchron zum Bild gesprochener Kommentar den Lernerfolg erhöht. Es war die Absicht, dem Lernenden die Chance zu bieten, durch learning by doing beziehungsweise forschendes Lernen zum Erfolg zu kommen. Die Richtigkeit eigener Analysen kann über die zu jedem Bild vorhandenen Informationen überprüft werden. Auch dies wurde erst durch die Neuen Medien möglich.

In multimedialen Anwendungen werden abrufbare Informationen meist als Text neben oder unter das jeweilige Bild gesetzt. Der Lernende muß in diesen Fällen sehr viel Text lesen und mit dem Blick zwischen Bild und Text hin und her schweifen. Würden diese Texte gesprochen, hätte er viel mehr Ruhe, die Einzelinformationen visuell aufzunehmen und zu verarbeiten. Nach meinen langjährigen Erfahrungen mit der Herstellung wissenschaftlicher Filme ist gesprochene Sprache einprägsam, weckt Aufmerksamkeit und wirkt wegen der paraverbalen Zusatzinformation auch persönlicher als gedruckte Texte. Aus diesem Grunde plädiere ich dafür, auch in multimedialen Anwendungen Bilder nicht mit Texten zu überfrachten beziehungsweise zu Bildern keine allzu langen Textinformationen zu geben, die die Lernenden lesen müssen. Didaktisch unverzichtbar sind allerdings bilderläuternde Bezeichnungen, die als phänomenbestimmende Begriffe gelernt werden sollen.

Gesprochene Informationen zu Bildern werden offensichtlich besser verarbeitet, weil man mehr Kapazität frei hat für eine intensivere Auseinandersetzung mit ihnen. So ist 1994 in einem Forschungsprojekt an der Universität Gießen beobachtet worden, daß die Bildbetrachtungszeiten höher ausfielen, wenn Informationen zu den Bildern akustisch dargeboten wurden, während bei einer Darbietung der sprachlichen Erläuterungen als Text die Lerner mehr Zeit mit dem Lesen des Textes verbrachten.

Am Beispiel der METEO DISC habe ich versucht aufzuzeigen, daß es durch Multikodierung und Multimodalität besonders gut gelingt, komplexe Strukturen eines kaum faßbaren, chaotischen Systems wie das der atmospärischen Vorgänge realitätsnah darzustellen und daß dies nur durch die Neuen Medien möglich wurde.

Forschungs- und Nutzungsziele

So gibt es sicher in jedem Fachgebiet Inhalte, die sich anbieten, multimedial aufbereitet zu werden. Um die vermutlich beste Variante der medialen Repräsentation des Wissens zu ermitteln, müßte man vergleichend analysieren können. Da mir ein solches Vorhaben kaum umsetzbar erscheint, ist es sicher hilfreich, sich an den Forschungs- beziehungsweise Nutzungszielen zu orientieren. So erscheint es mir nicht sinnvoll, beispielsweise Literatur ohne ein bestimmtes Ziel zu digitalisieren und auf CD-ROMs anzubieten; es macht aber Sinn für den Literaturwissenschaftler, Goethes und Schillers Dramen auf einer CD-ROM zu besitzen und diese vergleichend zu analysieren. Andererseits kann nie ganz vorausgesagt werden, welche Forschungsziele künftige Generationen entwickeln, wenn diese die Möglichkeit hätten, unter anderem auf die digitalisierte Literatur oder die Malerei dieser Welt über ein Datennetz zugreifen zu können. Wegen der anfallenden Kosten ist zwar ein geeignetes Nutzungskonzept gefragt; es sollten aber auch keine Schranken errichtet werden – schon gar nicht in einer Zeit, in der Information und Kommunikation zu den bedeutensten Wachstumsbranchen unserer Gesellschaft gehören, von denen gerade die Wissenschaftslandschaft neue Impulse erhält.

So entsteht durch die internationale Zusammenarbeit in Forschungsprojekten, in welchen neue Wege der Kommunikation erprobt werden, eine neue Qualität von internationaler Kollegialität, die noch mehr als bisher dazu beitragen wird, die Wissenschaftsgemeinde über alle Grenzen hinweg zusammenzuführen. Die Kooperationen in nationalen und internationalen Forschungsprojekten machen es möglich, die Arbeitsergebnisse über das WWW auszutauschen und weiterzuentwickeln.

Der Weg in eine neue Ära

Mit dieser Entwicklung entsteht eine neue Ära in der Nutzung neuer Medien. Deshalb muß es das Ziel unserer Anstrengungen sein, Schulen, Fachschulen, Hochschulen und Universitäten in diesen Aufbauprozeß einer modernen Wissenschaftskommunikation einzugliedern und durch die Beteiligung an internationalen Projekten neue Wege zu entwickeln und zu erproben. Wenn das Wissen unserer Zeit über Datenautobahnen fließt, werden nur diejenigen in den Forschungs- und Lehrstätten eine Zukunft haben, die sich bereitwillig und kreativ in den Dienst einer Gemeinschaft stellen, die es versteht, sich der Ressourcen der modernen Informations- und Kommunikationsgesellschaft zu bedienen. Forschung mit und an Neuen Medien sowie deren Einsatz in Lehre und Studium muß intensiv gefördert werden, wobei die Kinder in der Schule schon damit beginnen sollten. Die Gesellschaft sollte lernen, sich derartiger Werkzeuge zu bedienen, und muß verhindern, daß eine Minderheit die Mehrheit bevormundet. Das kann aber nur gelingen, wenn Politik und Wissenschaft gerade in einer Zeit der knappen Ressourcen nicht ständig gegeneinander mit immer neuen Sparkonzepten und dem Abbau beziehungsweise der Schließung ganzer Einrichtungen arbeiten, sondern gemeinsam darüber nachdenken, wie der Aufbau und die Struktur der Wissenschaftskommunikation der Zukunft sich entwickeln sollte und mit welchen Mitteln dieses Ziel gefördert werden kann. So wäre es nach meinem Erachten dringend notwendig, Medienforscher, Informations- und Kommunikationswissenschaftler, Fachwissenschaftler, Didaktiker, Filmemacher und alle, die sich mit der Entwicklung neuer Curricula unter Einsatz Neuer Medien und der praktischen Entwicklung multimedialer Systeme befassen, zusammenzuführen, um nicht nur die Forschung auf diesem Gebiet voranzutreiben, sondern auch Erfahrungen zu sammeln in der Gestaltung modernen Lehrens und Lernens.

Das Projekt „Virtual College", das im Sommersemester 1996 in den Ländern Berlin und Brandenburg aufgenommen wurde, ist mit allen

Wie wird die Wissenschaftskommunikation in Zukunft stattfinden?

seinen Problemen, die zum Beispiel mit der Unterrichtsgestaltung im WWW einerseits und dem Videokonferenzsystem andererseits verbunden sind, ein erster Anfang. Die dabei gemachten Erfahrungen sind zu analysieren und weiterzuentwickeln. Es müssen auch die finanziellen Hürden überwunden werden, indem Prioritäten gesetzt und Sponsoren aus Industrie und Wirtschaft gewonnen werden, die ein höchstes Interesse daran haben sollten, in welcher Weise sich die Bildung am Industriestandort Deutschland weiterentwickelt, denn die Investitionen in diesen Bereich zahlen sich aus, amerikanische Universitäten sind dafür bestes Beispiel.

Rauscht das Computerzeit-
alter an der Schule vorbei?

Von Werner Schnellen und Hans-Christian Kuhnow

Als wir vor rund einem Jahr Schüler der Mittelstufe und der Oberstufe
zu ihrem jeweiligen EDV-Erfahrungsstand befragten, machten wir eine
interessante Feststellung. Viele Schüler im Alter von 12 oder 14
Jahren spielten begeistert mit Computern. Ältere Schüler von 17 oder
18 Jahren, die kurz vor dem Abitur standen, hatten nur geringe Erfahrung im Umgang mit Computerprogrammen, die sie bei der Arbeit unterstützen könnten, wie etwa Textprogramme bei der Erstellung von
Referaten. Dieser scheinbare Widerspruch hat seine Ursache möglicher-
weise im altersabhängigen Rezeptionsverhalten der Schüler in bezug
auf den Computer.

Im Alter von elf bis zwölf Jahren, so das Ergebnis unserer Umfrage,
wird eine Vielzahl von Computerspielen konsumiert, unter Freunden
ausgetauscht, werden Anforderungslevel und die Fingerfertigkeit im
Umgang mit den verschiedenen Computertypen (GameBoy, Amiga, IBM-
kompatibler PC oder Macintosh) gesteigert. Mit einer im Vergleich zu
Erwachsenen außerordentlich schnellen Auffassungsgabe für Programm-
funktionalitäten wird der Computer schnell zu einer beherrschbaren Spie-
lekonsole. Schon hier können oder wollen die meisten Eltern und Lehrer
nicht folgen – der Jugendliche bleibt für sich.

Dann werden alle möglichen Grafikprogramme, Soundblaster und
eventuell auch das Internet ausprobiert – auch hier findet außerhalb der
Peergroup keine Anleitung statt, der Jugendliche *zappt* durch Programme
und Bilder, vergleichbar dem Fernsehkonsum, der irgendwann eine Eigendynamik bekommt und eher aushöhlt, als daß er erfüllt. Es geht nach
wie vor in erster Linie um Medienkonsum.

Später wird das Spielen und die ungerichtete Art des Surfens und Sampelns für viele dieser Jugendlichen uninteressant. Da der Computer bislang in den meisten Fällen nur als Spiele- und Surfcomputer oder als Verlängerung des Fernsehens genutzt wurde, bleibt er für mögliche schulische oder andere zielgerichtete Arbeiten ungenutzt in der Ecke stehen.

Von der Zerstreuung in der Bilderflut...

Das entscheidende ist, daß es in keiner der Phasen eine Anleitung oder Unterstützung durch einen Lehrer gibt. Der Jugendliche erfährt den Computer bisher als ein schnelles Selbstbedienungs- und Zerstreuungsinstrument mit einer nicht endenden Bilderflut.

Medienkompetenz als Schlüsselqualifikation

Computer und ihre Programme müssen mittlerweile als alltägliches Arbeits- und bei Jugendlichen als alltägliches Vergnügungsmittel begriffen werden. In nahezu allen Bereichen des Arbeitslebens und in vielen privaten Haushalten bis hinein in Kinderzimmer werden Computer bedient, wird in Netzen gesurft, werden bunte Bilder hin- und herkopiert.

Doch kann man alleine die Fähigkeit, diese Werkzeuge bedienen zu können, schon als Medienkompetenz bezeichnen? Medienkompetenz könnte als schulisches Lernziel folgendermaßen formuliert werden: „Der Schüler soll befähigt werden, den Computer und vernetzte Kommunikationsysteme als Werkzeuge zu begreifen, mit denen er sinnvoll und zielgerichtet, kreativ und produktiv arbeiten kann."

Es gibt eine Reihe schulischer und außerschulischer Bereiche, in denen die Nutzung multimedialer Systeme und entsprechender fachbezogener Computeranwendungen durchaus sinnvoll sein kann. Die weltweite Informationsbeschaffung von Sachdaten (aktuelle Details) über das Internet, Kommunikation im Sprachenbereich mit Schülergruppen fremder Länder, Arbeiten im künstlerisch-produktiven Bereichen (zum Beispiel in der Architektur können Raumsimulationen, Korrekturen und Variationen schnell und einfach erstellt werden), die Erstellung von Schülerzeitungen und Foren, in denen Kommunikation über Lust, Liebe, Eifersucht, über Gewalt oder Jugendkultur stattfindet, könnten zum Spektrum des Medieneinsatzes in der Schule gehören. Diese Liste läßt sich mit Sicherheit noch um viele Punkte fortsetzen.

...zur zielgerichteten Computernutzung

Ein sinnvoller, zielgerichteter Einsatz von Werkzeugen bedeutet aber, daß der Schüler eine Vorstellung von dem hat, was er erfahren oder erarbeiten will. Und genau hier brauchen Kinder und Jugendliche die Hilfe und Anregung unter anderem von Lehrern, die mit ihnen zusammen inhaltliche Ziele erarbeiten und formulieren, die Wege durch die Datenflut immer wieder an den konkreten Fragestellungen ausrichten und die den sozialen Kontext einer entsprechenden Lerngruppe herstellen.

Dabei können Lehrer auf eine positive *Eigenart* des Mediums Computer und seiner Benutzer zurückgreifen: In allen Computerkursen, die wir bislang durchführen konnten, halfen sich Schüler nach kurzer Zeit problemlos untereinander. Ob alt oder jung, Junge oder Mädchen, Jugendlicher oder Erwachsener, es fand in den meisten Fällen eine gute Kombination aus eigenständigem Arbeiten und einer Art Teambildung statt, bei der die gegenseitige Information und Hilfe ein fester Bestandteil war.

Die hohe Motivation der Schüler überwand mühelos alters- oder geschlechtsspezifische Barrieren. Es kann durchaus passieren, daß ein 12jähriges Mädchen einem 17jährigen Jungen oder einem Erwachsenen zeigen kann, wie er ein spezielles Gestaltungsproblem innerhalb beispielsweise eines Grafikprogramms lösen kann und dabei auf offene Ohren stößt.

Diese neuen sozialen Verhaltensweisen, die das Medium Computer mit sich bringt, müssen allerdings vom Lehrer oder Dozenten eingeleitet und unterstützt werden. Der Lehrer sollte deshalb eine ausreichende Kompetenz im Umgang mit dem Rechner und vernetzten Systemen haben. Zudem sollte er auch eine große Souveränität im Umgang mit seiner eigenen Lehrerrolle zeigen, denn seine Rolle als Lehrender erfährt in diesen Zusammenhängen eine Wandlung hin zum *Teamleiter* oder *Moderator*, der auch von Mitgliedern des *Teams* lernt.

Zur Medienkompetenz gehört weiterhin, daß der Schüler befähigt werden soll, den eigenen Medieneinsatz kritisch zu beurteilen, mithin unter anderem zu reflektieren und zu entscheiden, wann und zu welchem Zweck er gerade dieses Werkzeug und nicht ein anderes einsetzt. Medienkompetenz bedeutet in diesem Fall, daß er auch lernt, das Werkzeug Computer oder das Computernetz eben gerade nicht einzusetzen, wenn es ihn beispielsweise in seiner Kreativität stört. Er soll lernen, die neuen Medien dort zu nutzen, wo sie weiterhelfen – die neuen Medien bewußt auszugrenzen und loszulassen, wo sie nicht weiterhelfen beziehungsweise Lernprozesse be- oder verhindern.

Er soll also den Computer und Computerprogramme als ein weiteres Werkzeug unter anderen begreifen lernen.

Welche Mindestfähigkeiten sollte die Schule vermitteln?

Die Schule als öffentliche Bildungseinrichtung ist nicht der einzige Bildungsträger in unserer Gesellschaft. Eine Reihe von privaten Unternehmen für die Vermittlung von multimedialen Grundkenntnissen hat sich auf dem Markt etabliert. Es wäre allerdings fatal, wenn sich nur diejenigen jungen Menschen im Bereichen der neuen vernetzten Medien kompetent weiterbilden könnten, die über entsprechende finanzielle Mittel verfügen und deren Eltern ein gezieltes Bildungsinteresse für ihre Kinder mitbringen. Dies würde letztlich zu einer Aufspaltung der Informationsgesellschaft in Wissende und Nicht-Wissende beitragen.

Schule kann und soll sich aber nicht in eine Konkurrenzsituation mit diesen Anbietern bringen, dazu fehlen ihr die Mittel und dies ist auch nicht Sinn und Bildungsauftrag der Schule. Sie kann daher auch nicht *kundenorientiert* arbeiten, wie dies verschiedentlich gefordert wurde. Es liegt in der Verantwortung des öffentlichen Schulwesens, eine Basisqualifikation im Bereich der neuen vernetzten Medien für alle anzubieten, und dies im Sinne der Vermittlung von exemplarischem Wissen und Können und einem kritischen Urteilsvermögen.

Die Verantwortung des Bildungswesens erstreckt sich auch in schulangrenzende Bereiche, in denen fernab vom Notendruck ein eher spielerischer, kreativer Umgang mit Multimedia ermöglicht und von Pädagogen betreut wird. Hier ist zum Beispiel an staatlich geförderte Jugendkunstschulen, wie das *Atrium* im Berliner Norden zu denken.

Materielle, personelle und schulorganisatorische Voraussetzungen

Die Hardware-Ausstattung an den Schulen erlaubt zur Zeit nach Angaben des Bundesministeriums für Bildung, Wissenschaft, Forschung und Technologie im Durchschnitt gerade einmal 2 Prozent der Schüler die ständige Arbeit am Computer. Das exemplarisch herausgegriffene Computerszenario einer ganz normalen Gesamtschule bestätigt dies: Hier stehen für circa 100 Lehrer und 1000 Schüler ein zentraler Computerraum mit zwölf 286er-PCs (mit monochromen Bildschirmen) zur Verfügung. Die PCs werden stundenweise vom Fach ITG (Informationstechnische Grundbildung) genutzt. Eine alltägliche Integration des Computers in den Fachunterricht anderer Fächer, wie zum Beispiel Mathematik, Biologie, Kunst, Englisch oder Deutsch, findet nicht statt beziehungsweise ist nicht möglich.

Die EDV-Qualifikation der Lehrerschaft ist generationsbedingt gering. Innovationen durch junge Kollegen sind aufgrund der derzeitigen Einstellungssituation stark eingeschränkt. Man muß davon ausgehen, daß rund 10 bis 15 Prozent der Lehrerschaft in der Lage sind, einigermaßen mit einem Einzelplatzcomputer umzugehen. Natürlich gibt es Ausnahmen. Den meisten Lehrern fehlt eine realistische Einschätzung der Möglichkeiten und Grenzen der neuen Medien.

Der Computer ist nun tatsächlich ein Medium, das einen großen Anfangsaufwand in Bezug auf Lernzeit und -energie und auch nicht unerhebliche finanzielle Investition erfordert. Darüber hinaus macht das Medium aufgrund seines hohen Innovationsgrades ein permanentes Weiterlernen nötig. Dieser Aufwand ist neben den täglichen Arbeitsanforderungen kaum aufzubringen. Zudem sind fachspezifische Konzepte für die Integration von Computeranwendungen in den Unterricht wenig entwickelt, das heißt, der interessierte Lehrer ist weitgehend auf sich allein gestellt.

Wenn Schulprojekte so angelegt sind, daß Hard- und Software in die Schulen geschafft wird, ohne daß die Mehrzahl der mit digitalen Werkzeugen unvertrauten Lehrer weitergebildet und unterstützt wird, in der Hoffnung, die pädagogischen Konzepte würden sich von alleine entwickeln, dann bleiben diese Projekte gigantische Hard- und Software-Beschaffungsmaßnahmen für die betroffenen Schulen. Stundenfreistellungen etwa sind sehr schwer zu erreichen und für das Projekt *Schulen ans Netz* offenbar überhaupt nicht vorgesehen. Nun werden aber Lehrer, die selbst nicht über zumindest grundlegende Kenntnisse und Fertigkeiten im EDV-Bereich verfügen, nicht in der Lage sein, qualifizierte pädagogische Konzepte zu entwickeln, um ihren Schülern adäquate Anleitung zur produktiven und kritischen Nutzung von Multimedia geben zu können. Die Schüler bleiben sich somit auch weiterhin selbst und der Eigendynamik des Mediums überlassen.

In jedem Fall braucht die Lehrerschaft eine Qualifizierung in der Nutzung multimedialer Techniken sowie der Möglichkeiten und *Surf*-Wege des Internet. Wegen des hohen Anfangsaufwandes bedarf es einer besonderen Motivation und Fortbildungsbereitschaft, die angeregt, gefördert und unterstützt werden muß. Daß bei Politikern, Projektinitiatoren und Lehrern eventuell eine völlig unrealistische Einschätzung des zu erwartenden Ausbildungs- und Lernaufwandes für alle Beteiligten vorliegt, entnahmen wir einer Ankündigung von Minister Rüttgers in der Pressemitteilung „Schulen ans Netz". Hier sagt er wörtlich: „...bis zum 31. Juli 96 werden die Anträge der Schulen ausgewertet. Dann wird für die ersten Schulen gleich nach den Sommerferien Multimedia möglich."

NotwendigeVeränderungen

Aufgrund unserer Erfahrung in der Weiterbildung erwachsener Menschen am Computer wissen wir, daß der zeitliche und geistige Aufwand zum Erlernen von EDV-Anwendungen nicht zu unterschätzen ist. Nicht nur der Umfang des Stoffes ist hier von Bedeutung, sondern auch die Tatsache – und das um so mehr, je älter der Teilnehmer ist –, daß beim Einsatz digitaler Werkzeuge vertraute und lieb gewordene Arbeitsweisen in Frage gestellt werden. Es muß hier nicht nur ein Neu- sondern auch ein Umlernen stattfinden.

Weiterbildung zur Handhabung von Hard- und Software, zur fachspezifischen Anwendung und zur konzeptionellen Weiterentwicklung von Unterricht muß deshalb als ständiges Angebot für Lehrer an der

Schule verankert und gefördert werden. (Weiterbildungsangebote und Stundenfreistellungen sind hier unabdingbar). Lehrer bringen als wertvolle Voraussetzung ihr Verständnis für Zusammenhänge und Strukturen, ihre Kenntnis von Lernwegen und ihr Interesse an Bildungsinhalten mit. Dennoch bedarf es erheblicher Zeit und Erfahrung, bis Vorstellungen von einem sinnvollen Medieneinsatz im Fachunterricht entwickelt werden können.

Zur Unterstützung allgemeiner und fachspezifischer Anwendungen sollte daher an jeder Schule ein *Multimedia-Pädagoge* eingestellt werden, der bei der Planung und Durchführung von Unterricht mit Multimedia-Einsatz mit den Fachkollegen zusammenarbeitet. Ein solcher Multimedia-Pädagoge wäre Berater und Missionar in einem. Er könnte beispielsweise Basisschulungen für alle interessierten Kollegen veranstalten und später dann seine Kollegen aktiv bei der Planung und Durchführung von Unterrichtsprojekten von der Seite der Anwendungssoftware und ihrer spezifischen Möglichkeiten unterstützen, sei es im Fach Biologie, Englisch, Kunst oder in anderen Fächern.

Es ist sicher sinnvoll, neue Unterrichtskonzepte an der Basis entwickeln zu lassen, aber ohne eine entsprechende personelle Ausstattung der Schulen werden Projekte wie „Schulen ans Netz" zu keinen greifbaren Ergebnissen führen.

Unabhängig von der Unterstützung *gestandener* Lehrer im Schuldienst muß allerdings das Erlernen von EDV-Anwendungen, die fachspezifische Interessen umsetzen können, zum festen Bestandteil beider Phasen der Lehrerausbildung werden.

Fazit

Es ist unbestritten, daß die Innovationen der Informations- und Kommunikationstechnologien tiefgreifende Veränderungen in allen Lebensbereichen bewirken. Der qualifizierte Umgang mit der Kommunikationstechnologie – die Medienkompetenz – wird zu einer Schlüsselqualifikation für den Bürger in der Informationsgesellschaft.

Das öffentliche Bildungswesen und hier im hohen Maße die allgemeinbildende Schule sind für die Vermittlung von Mindestfähig- und

-fertigkeiten an alle Bürger verantwortlich, nicht zuletzt um einer Bildungs-Segmentierung der Gesellschaft in Wissende und Unwissende entgegenzuwirken. Wir als Pädagogen können das Computerzeitalter nicht *links an uns vorbeirauschen lassen.* Es kann nicht mehr um die Frage gehen, ob sich die Schule dieser Aufgabe annimmt, sondern um die Fragen wie, in welchen Zusammenhängen und vor allem mit welchen Konzepten.

Ohne Anleitung in schulischen und schulangrenzenden Bereichen werden die Schüler dem Angebot der Computerindustrie und der Datennetze ausgeliefert bleiben und ihre Aktivitäten weitgehend auf Medienkonsum und beliebiges Netz-Surfen beschränken.

Die Schule muß schnellstens die Fähigkeit der Schüler fördern, mit den neuen Medien zielgerichtet, sachbezogen, kritisch, produktiv und sozial umzugehen.

An den meisten allgemeinbildenden Schulen sind die materiellen, die personellen und die schulorganisatorischen Voraussetzungen zur Umsetzung dieser Ziele derzeit kaum vorhanden und werden allem Anschein nach auch in den nächsten Jahren nicht geschaffen werden.

Es ist zu befürchten, daß breitangelegte Kommunikationsprojekte wie die Initiative „Schulen ans Netz" zu keinen greifbaren Ergebnissen führen und damit von vornherein zum Scheitern verurteilt sind, wenn die Schulbehörde nicht auch deutlich den Weiterbildungsfaktor konzeptionell und personell einplant.

Die Schule wird ihrem Bildungsauftrag in puncto Medienkompetenz nicht mehr gerecht werden können, wenn sie nicht sehr bald eine Reihe von Veränderungen im konzeptionellen und personellen Bereich vornimmt.

Schulen ans Netz –
Fördermaßnahmen und
ihre Umsetzung

Von Annette Hillebrand und Bernd-Peter Lange

Wenn wir allmorgendlich unsere Tageszeitung lesen, wissen wir, welche Themenschwerpunkte uns auf jeder Seite erwarten. Innenpolitik, internationale Beziehungen, Kommentare – wir finden alles an gewohnter Stelle. Die Zeitung bietet uns eine verläßliche Struktur und die Gewißheit, wichtige Informationen aktuell und genau recherchiert präsentiert zu bekommen. Im Internet dagegen fehlt der Filter einer Zeitungsredaktion. Informationen können unmittelbar abgerufen und verbreitet werden. Es fehlt ein Navigationsinstrument, das uns sicher zu seriösen Informationsquellen führt. Mehr individuelle Selbstbestimmung auf der Suche nach Informationen, aber auch eine gewisse Orientierungslosigkeit sind die Folge. Die Frage ist: Wie erwerbe ich Orientierungs- und Bewertungskompetenz im Umgang mit dem Internet und anderen neuen Medien? Dabei sind viele technische Anwendungen heute in der Arbeitswelt wie im privaten Alltag bereits selbstverständlich geworden.

Den Bildungssektor betrifft die Einführung neuer Medien in Arbeit und Freizeit fast immer direkt. Der zunehmende Einsatz von neuer Informations- und Kommunikationstechnologie in nahezu allen Lebensbereichen stellt auch neue Anforderungen an Schulen, Hochschulen und andere Aus- und Weiterbildungseinrichtungen. Bisher allerdings betrieben nationale und internationale Stellen eine Wirtschafts- und Industriepolitik, die begleitende Aus- und Weiterbildungsmaßnahmen selten berücksichtigte. In letzter Zeit ist jedoch ein Wandel festzustellen, wie beispielsweise die Beschlüsse der G7-Konferenz zur Förderung von Pilotprojekten im Bildungsbereich oder die amerikanische Initiative *National Information Infrastructure* zeigen. Auch die Europäische Union wendet sich verstärkt der Förderung mediengestützten Lernens zu.

Neben der *Bildungsoffensive*, die die Bundesregierung in ihrem Programm *Info 2000. Deutschlands Weg in die Informationsgesellschaft* fordert und die sich unter anderem in dem Programm „Schulen ans Netz" auf Bundesebene konkretisiert, existieren auch Initiativen auf Ebene der Länder. Beispielhaft ist hier Nordrhein-Westfalen zu nennen, wo das Ministerium für Wirtschaft und Mittelstand, Technologie und Verkehr NRW und das Ministerium für Schule und Weiterbildung NRW in enger Kooperation bereits seit 1995 ein Programm zur Förderung des Einsatzes multimedial gestützten Lernens verfolgen. Die konzeptionelle Grundlage wird durch die 1992 ins Leben gerufene Bildungskommission NRW erstellt. In ihren zahlreichen Empfehlungen zur zukünftigen Gestaltung von Bildung und Schule geht sie von drei Voraussetzungen aus: Zum einen sind Medienwelten heute ein selbstverständlicher Teil der Berufs- und Alltagswirklichkeit und strukturieren in ihrer Funktion als Übermittler von Botschaften und Informationen diese Wirklichkeit mit.

Zum zweiten bestimmen Medieninhalte zunehmend Themen und Problemstellungen, Bewertungen und Urteile, gesellschaftliche und politische Gestaltungsansätze, die in der Öffentlichkeit für wichtig gehalten werden. Drittens sind Kinder und Jugendliche besonders aufgeschlossen für neue Angebote der Medienentwicklung. Die interaktive Nutzbarkeit von Multimedia und Hypermedien, die Vernetzung durch immer leistungsfähigere Datennetze und die Entwicklung neuer Informations- und Kommunikationsformen mit Hilfe von Telekommunikation erlaubt den Lernenden ein eigenständigeres, mediengestütztes Selbstlernen. Medienpädagogik soll nach den Forderungen der Kommission zu einem Element allgemeiner und obligatorischer Bildung werden. Damit fallen der Schule neue Aufgaben zu. Sie wird zum Ort eines freieren Lernens in Projekten, die verschiede Jahrgangsstufen einbeziehen. Lehrer sollen sich aus ihrer Rolle als Wissensvermittler hin zu einer Rolle als Moderator von Lerngruppen entwickeln.

Das Thema Medienpädagogik ist eng verknüpft mit einer Reform der Schule und neuen pädagogischen Konzepten. Die Erfahrungen mit medienpädagogischen Projekten zeigen, daß sie mehr oder weniger drastische Veränderungen der organisatorischen, personellen und finanziellen Voraussetzungen wie des Inhalts schulischen Lehrens und Lernens bedingen. Die Bildungskommission empfiehlt, ein Rahmenkonzept für das Lernen mit Medien zu entwickeln, das eine Ausstattung der Schulen mit Medien sowie die Ausbildung und Weiterqualifizierung der Lehrerinnen und Lehrer einschließen sollte. Ziel ist die Etablierung einer integrierten Medienpädagogik in den Schulen. Schülerinnen und Schüler, aber auch Lehrerinnen und Lehrer sollen Medienkompetenz, die *Schlüsselqualifikation der Informationsgesellschaft*, erwerben. Vor diesem Hintergrund ist die Initiative *NRW-Schulen ans Netz – Verständigung weltweit* zu sehen.

Förderung und Vermittlung von Medienkompetenz

Medienkompetenz befähigt die Individuen nicht nur, Medien ihrer Bestimmung entsprechend bedienen und nutzen zu können, sondern darüber hinaus Informations-, Kommunikations- und Medienangebote selbstbestimmt und in sozialer Verantwortung für sich selbst anzuwenden. Das Gesamtkonzept Medienkompetenz umfaßt fünf Bereiche, die hier in ihrer Bedeutung für das Lernen mit und über Medien in der Schule kurz dargestellt werden sollen: Medienkompetent zu sein bedeutet zum einen, sich auf der Grundlage von Kenntnissen über medienökonomische und medienpolitische Interessen von Medienunternehmen, Politikern und Verbänden selbstbestimmt zu informieren – ebenso aber auch über die technische Leistungfähigkeit und die Bedeutung rechtlicher Regelungen wie im Verbraucherschutz oder Urheberrecht. Es bedeutet auch, sich über die gesellschaftlichen Wirkungspotentiale zu informieren und die Relevanz für das eigene Lernen in der Schule und anderen Bildungseinrichtungen oder im Selbststudium einzuschätzen sowie sich über vorhandene Beratungsmöglichkeiten und Qualifizierungsmaßnahmen zu orientieren. Diese Selbstbestimmungs- und Orientierungskompetenzen bilden die Grundlage für den Aufbau weiterer Kompetenzen.

Ein zweites Element von Medienkompetenz besteht in der Fähigkeit, zwischen verschiedenen inhaltlichen Angeboten und ihrer medialen Präsentation wie zum Beispiel Bildungsserver und Schulfernsehen, Tageszeitung und Internet oder zwischen Anwendungen wie Online-Diensten und Telelearning und bestimmten technischen Systemen – beispielsweise CD-i, CD-ROM, VHS-Video, Apple-Computer oder IBM-kompatibler PC – auszuwählen. Das gleiche gilt für die Art des Netzzuganges, für Qualifizierungsangebote und so weiter. Medienkompetenz bedeutet hier, auszuwählen und sich bewußt für oder gegen eine Alternative zu entscheiden.

Grundlegende Kenntnisse für die Inbetriebnahme und die Bedienung von technischen Systemen ist – drittens – die Basis für die Nutzung aller Medienarten. Installation und Bedienung von Hard- und Software, das Einwählen in Netze, die Nutzung von Diensten zur Aus- und Weiterbildung, das Kommunizieren über E-Mail mit Partnerschulen in fremden Ländern gehören zu dieser instrumentellen Kompetenz dazu.

Medienkompetenz zeigt sich aber nicht nur in der Nutzung, sondern auch in der kritischen Analyse und Bewertung der bereitgestellten Angebote. Dazu sind Kenntnisse über Genres im Fernsehen genauso notwendig wie über technische und ästhetische Gestaltungs- und Manipulationsmöglichkeiten beispielsweise durch die Digitalisierung von Bildern. Letztendlich geht es darum, Lern- und Gestaltungskompetenzen zu entwickeln, das heißt die Fähigkeit zu erwerben, eigene Gestaltungsspielräume zu erkennen und zu nutzen, sei es in technischer Hinsicht, bei der Gestaltung von Anwendungen oder bei Qualifizierungsmaßnahmen. Eine gewisse Aufgeschlossenheit gegenüber den neuesten Entwicklungen der Informationsgesellschaft und ein verantwortungsvoller Umgang mit Medien, zum Beispiel in der pädagogischen Betreuung des Medieneinsatzes in der Schule, ist dabei unabdingbar.

Übergreifend dazu wird auf gesellschaftlicher Ebene ein Diskurs über Chancen und Risiken der Informationsgesellschaft notwendig. Dieser Diskurs hat die Aufgabe, unterschiedliche Akteure wie Arbeitnehmer und Arbeitgeber, Pädagogen und Schüler, Unternehmer und Politiker zu einem Austausch von Informationen und Auffassungen zu den Rahmenbedingungen von neuen Tele-Anwendungen zusammenzubringen. Idealerweise mündet der Diskurs in Gestaltungsvorschläge und eine konkrete Umsetzung in die neuen Anwendungen der Informationsgesellschaft. Für das Bildungswesen liegen Ansätze für Diskursthemen beispielsweise in den Bereichen Distant Learning, in der Veränderung der Unterrichtsgestaltung hin zu mehr Projektarbeit oder der Veränderung der Rolle der Lehrer und Lehrerinnen, die zu Moderatoren und Moderatorinnen werden.

Die Förderung von Medienkompetenz ist nicht unumstritten. Der Skepsis, hier sollten vor allem tüchtige Mediennutzer herangezogen werden, die die neuen kommerziellen Medienangebote häufig nutzen und auch dafür bezahlen, steht auf der anderen Seite die Möglichkeit gegenüber, sich aktiv an einem gesellschaftlichen Diskurs über die Wege in die Informationsgesellschaft zu beteiligen.

NRW-Schulen ans Netz – Verständigung weltweit

Die Initiative *NRW-Schulen ans Netz – Verständigung weltweit* unter Federführung der Ministerien des Landes NRW für Wirtschaft und Mittelstand, Technologie und Verkehr sowie für Schule und Weiterbildung ist Teil der Landesinitiative media NRW und ein Entwicklungsschwerpunkt nordrhein-westfälischer Bildungspolitik.

Als Public-Private-Partnership soll die Initiative Schulen und Schulträger unterstützen, eine Basisausstattung für den Zugang zur Telekommunikation aufzubauen und innovativ für das Lernen zu nutzen. Projekte zur informations- und kommunikationstechnologischen Grundbildung finden bereits an rund der Hälfte aller allgemeinbildenden Schulen in NRW statt.

Im Rahmen von *NRW-Schulen ans Netz* sollen möglichst alle 3250 Schulen in NRW mit Ausnahme der Grundschulen mit multimediafähigen Computern, entsprechender Software und optional einem Drucker ausgestattet und mittels Euro-ISDN an die *Datenautobahn* angeschlossen werden. Für die Abwicklung des Programms ist an das Europäische Medieninstitut, Düsseldorf, ein Projekt vergeben worden, das in enger Kooperation mit den federführenden Ministerien durchgeführt wird. Als private Partner in dieser *Public-Private-Partnership* sind die Deutsche Telekom und Unternehmen aus den Bereichen Hardware, Netzbetreiber/Provider, Inhaltsanbieter und sonstige Sponsoren beteiligt, die sich Anfang Juni 1996 im Verein *Lernen in der Informationsgesellschaft NRW e.V.* zusammenfanden. Daneben gibt es auch beispielhafte Initiativen auf lokaler Ebene, in denen unter anderem Sparkassen, Internet-Provider oder Hard- und Softwarehäuser Schulen in ihrer unmittelbaren Umgebung unterstützen.

Bei der Initiative *NRW-Schulen ans Netz – Verständigung weltweit* wird darauf geachtet, daß die Technikausstattung mit pädagogischer Beratung und Lehrerqualifizierung einhergeht. Darüber hinaus ist eine Begleitforschung geplant, die das Gesamtprojekt evaluiert. Es ist zudem von zentraler Bedeutung, überzeugende inhaltlich-thematische Schwerpunkte zu setzen, die dazu beitragen können, bestehende Vorbehalte abzubauen. Die Arbeit in den einzelnen Schulen erfolgt themenorientiert: das Lernen mit Unterstützung von Medien soll die Regel, das Erlernen der bloßen technischen Nutzung von Medien die Ausnahme sein.

Das Unterrichts- beziehungsweise besser: das Projektthemenangebot wird über den Aufbau eines NRW-Bildungsservers erreicht werden. Im Server können die Themen nach Schulfächern, nach Problemkreisen, wie zum Beispiel *Frieden, Gewalt* oder *Drogen*, und nach Anbietern geordnet werden. Als Anbieter kommen Hochschulen, Industrie, Verlage, Museen, Ministerien, Presse, Funk, Fernsehen und viele mehr in Frage. Dieses virtuelle Haus des Lernens besteht aus den sechs Grundbausteinen: Mediothek, Schwarzes Brett, Foyer, Seminarraum, Konferenzraum und Werkstatt, und zwar für jedes Themenfeld, das im Server offeriert wird.

In der Mediothek findet die Schülerarbeitsgruppe also zum Beispiel Texte, Graphiken und Bilder, aber auch Hörspiel- oder Filmsequenzen oder Computerprogramme zum Thema Fremdenfeindlichkeit. Auf dem Schwarzen Brett finden die Kinder und Jugendlichen Kommentare, Fragen und Antworten zum Themenfeld. Auf diesem *Marktplatz* können sie auch selbst ihre Meinungen und Anregungen hinterlegen und so mit anderen Projektgruppen in Kontakt treten. Möglichkeiten, eigene Projektideen und -ergebnisse ausführlicher darzustellen, gibt es im Foyer. Das Foyer dient vor allem zur Projektorganisation. Informationen zum aktuellen Stand und zum Ablauf des schuleigenen Projektes werden hier für alle Beteiligten transparent gemacht. Treffpunkte werden im Seminarraum, im Konferenzraum und in der Werkstatt eingerichtet. Im Seminarraum finden virtuelle Diskussionsrunden statt, in denen sich kleinere Gruppen zeitgleich treffen und ihre Anmerkungen austauschen. Im Konferenzraum können zum Beispiel themenbezogene Videokonferenzen stattfinden. In der Werkstatt treffen sich Projektmitarbeiter, die gemeinsam an Arbeitspapieren schreiben wollen.

Schulen ans Netz – bundesweit

Das bundesweite Projekt „Schulen ans Netz" wurde von der Deutschen Telekom AG und dem Bundesministerium für Bildung, Wissenschaft, Forschung und Technologie initiiert. Mit den Projekten auf Länderebene bestehen enge Kooperationen. Innerhalb der bundesweiten Initiative werden vier verschiedene Projekttypen gefördert, die von Einstiegsprojekten für Schulen in die Online-Kommunikation bis zu Lehrerqualifizierungsmaßnahmen und Infrastrukturprojekten reichen. Da der Bund keine schulpolitische Kompetenz besitzt, liegt die pädagogische Verantwortung für Schulprojekte bei den Ländern.

Inhaltlich unterscheiden sich das Projekt des Bundes und das NRW-Projekt nur in wenigen Punkten. „Schulen ans Netz" auf Bundesebene hat zunächst nicht das Ziel, allen Schulen einen Internet-Zugang zu verschaffen. Es geht vielmehr darum, modellhaft aufzuzeigen, welche Möglichkeiten vernetzte multimediale Kommunikation für das Lernen bietet. Die Kooperation und Kommunikation zwischen Schulen und anderen Organisationen und Institutionen soll ermöglicht werden, (außer-) schulisches Lernen auch im interkulturellen Zusammenhang und verantwortlicher Umgang mit multimedialen Informations- und Kommunikationstechniken gefördert und schließlich auch die Qualifizierung von Lehrenden unterstützt werden. Wie im Projekt *NRW-Schulen ans Netz* wird auch hier eine große Chance in der fächerübergreifenden, projektgruppenorientierten Arbeit mit den neuen Medien gesehen.

Wirksamer lernen mit Multimedia?

Abschließend stellt sich die Frage, welche Vorteile das Lernen mit Multimedia für die Lernenden mit sich bringt. Unbestritten dürfte sein, daß auch der sinnvolle Einsatz von Multimedia und seine Nutzung erlernt werden muß. Die multimediale Aufbereitung von Inhalten liegt im Trend. Ob sich dadurch auch eine höhere Lernwirksamkeit ergibt und ob dadurch eine kostengünstigere Weiterqualifizierung im Beruf ermöglicht wird, bedarf der ständigen Überprüfung. Studien zur Lernwirksamkeit von Multimedia lassen folgende Schlüsse zu:

Erstens: Der Anteil der Bildungskosten an den betrieblichen und gesellschaftlichen Gesamtkosten steigt entsprechend den Anforderungen an die Qualifikation der Arbeitnehmer. Damit spielt bei der Entwicklung von computerbasierten Lernprogrammen auch die Hoffnung auf eine Reduzierung dieser Kosten eine Rolle. Computer Based Training (CBT), Anwendungen also, die ein selbständiges Lernen am Computer ermöglichen, bringen zeitliche Flexibilität, lohnen sich finanziell aufgrund der hohen Entwicklungskosten aber erst ab etwa 100 Teilnehmern.

Zweitens: Die mediale Aufbereitung von Lerninhalten in Texten, Bildern, Graphiken, Sprache und Musik ist nicht immer sinnvoll. Unterschiedliche Medien können sich nicht nur unterstützen, sondern auch stören.

Drittens: Die verschachtelte Aufbereitung von Informationen in Hypertext beziehungsweise Hypermedien strukturiert komplexe Sachverhalte, macht aber auch die Übersicht über diese Strukturierung zu einem Problem. Ein zusammenhängender Sachverhalt wird hier in kleine Teile zerlegt. *Navigieren* durch einen Hypertext muß erlernt werden.

Fazit

Die technische Realisierung von multimedialen Lernprogrammen ersetzt nicht pädagogische Konzepte. Die adäquate didaktische und methodische Aufbereitung von Lerninhalten, wie sie beispielsweise auf dem NRW-Bildungsserver geschehen soll, ist eine wichtige Voraussetzung für ein motiviertes und erfolgreiches Lernen.

Telekommunikation in der Schule – wer zahlt die Zeche?

Von Ingrid Stahmer

Wie bei allen Erneuerungen seit der Steinzeit gibt es Meinungen, die den Untergang der Menschheit prognostizieren, falls irgendein Teufelszeug zum Zuge kommt, und es gibt auf der anderen Seite alle diejenigen Meinungen, die jedwede Bedenken gegen Neues als hoffnungslos altmodisch abtun. Um meine Meinung gleich vorwegzunehmen: Da sich die Frage nicht mehr stellt, was das Bildungswesen gegen die Möglichkeiten der Telekommunikation tun kann, werden wir uns fragen müssen, wie wir mit diesen neuen Lernmöglichkeiten umgehen und Schule zu einem Lern- und Lebensraum entwickeln, in dem diese Technologien nicht Fremdkörper, sondern organisch eingegliedert sind.

In Berlin sind inzwischen etwa 100 Schulen in der Lage, über das „Offene Deutsche Schulnetz (ODS)" weltweit mit anderen Schulen per E-mail in Verbindung zu treten. Vor allem im Fremdsprachenunterricht hat sich diese Form der Kommunikation als sinnvoll erwiesen. Besonders erwähnenswert ist dabei die Partnerschaft Berlins mit Los Angeles, die auch auf elektronischem Weg Schulen beider Städte mit großem Erfolg zueinander geführt hat.

Ein weiteres Engagement Berlins für die Fahrt auf der „Datenautobahn" besteht im Projekt COMENIUS. Über ein ATM- (Breitbandkabel-) Hochleistungsnetz sind vier Schulen und die Jugendkunstschule Atrium miteinander und mit der Landesbildstelle Berlin verbunden. Über Multimedia-Arbeitsplätze kommunizieren die beteiligten Schülerinnen und

Schüler in Schrift und Bild, sie erarbeiten gemeinsame, fächerübergreifende Projekte und betreiben Online-Datenaustausch mit dem zentralen Server in der Landesbildstelle. Die Einbindung in das Internet steht in der geplanten Verlängerung des Projektes um weitere zwei Jahre unmittelbar bevor.

In Hinsicht auf die Frage „Wer zahlt die Zeche?" ergibt sich daraus erst einmal eine klare Antwort: Das Land Berlin und die Bezirke haben große Anstrengungen unternommen, einen Ausstattungsstandard für die Schulen zu erreichen, mit dem die gerade beschriebene pädagogische Arbeit geleistet werden kann. An 657 Schulen stehen etwa 5000 Computer, rund die Hälfte davon ist in lokale Netzwerke eingebunden. Natürlich sind das bei weitem nicht immer die technisch aktuellsten Geräte. Eine komplette Neuausstattung aller Berliner Schulen mit leistungsfähigen Multimedia-PC würde annähernd 120 Millionen DM kosten, ein Betrag, der in der augenblicklichen Finanzsituation des Landes nicht aufzubringen wäre. Die „Beratungsstelle für informationstechnische Bildung und Computereinsatz in Schulen BICS" an der Landesbildstelle hat einen neuen Arbeitsschwerpunkt „Telekommunikation und Multimedia" eingerichtet, über den das wachsende Interesse der Schulen an Netzzugängen koordiniert wird. Das gilt auch für die von der Telekom und dem Bundesbildungsministerium gestartete Initiative „Schulen ans Netz". Das COMENIUS-Projekt wird von der DeTeBerkom, einer Tochter der Telekom, finanziert, wofür wir sehr dankbar sind, da solche Investitionen von uns nicht geleistet werden könnten. Allerdings werden wir auch weiterhin Lehrerstellen dafür einplanen und somit auch einen nicht unerheblichen Beitrag beisteuern.

Es ist daher offenkundig, daß in Zukunft der Ausbau der Telekommunikation an den Schulen eine Gemeinschaftsaufgabe von Staat und Wirtschaft werden muß. Wenn das nicht gelingt, bezahlen wir tatsächlich alle die Zeche – in der negativen Bedeutung des Ausdrucks –, dann nämlich, wenn die mangelnde Qualifizierung unserer Jugend die Wettbewerbsfähigkeit Deutschlands im internationalen Maßstab verringert.

Das immer noch gültige Monopol der Wissensvermittlung durch die Schule gerät zunehmend unter Druck. Lernen und Unterhaltung sind bereits auf dem Weg zu einer engen Verbindung, die eindeutige institutionelle Zuordnung entfällt, Lernen ist – zumindest in den Ankündigungen der Werbung – schöner und besser auch ohne Schule möglich, wenn man sich nur der multimedialen Produkte und der Möglichkeiten der Telekommunikation bedient. Bei aller Skepsis gegenüber solchen Versprechen steht jedoch fest, daß es in Zukunft verschiedene und unterschiedlich kreative Zugänge zur Bildung geben wird. Lernen wird räumlich und zeitlich flexibel, der Lernort Schule verliert in der Tat sein Monopol. Das ist zugleich ein erster Schritt zum Abschied von der „alten" Lernschule, von klassischen Unterrichtsportionen im 45-Minuten-Takt, von der Rolle des Lehrers als Wissensvermittler.

Dabei interessieren uns die neuen Techniken in zweifacher Hinsicht: erstens als Medium und zweitens als Gegenstand des Unterrichts und schulischer Lernprozesse. Die angemessene Kenntnis, die kritische und selbstbewußte Auseinandersetzung sowie der produktive Umgang mit diesen Techniken ist eine wichtige medienpädagogische Aufgabe. Neue Formen der Vermittlung von Lerninhalten und die Öffnung der Schule zu neuen Lernwegen und Lernmöglichkeiten, die Erweiterung des schulischen Kommunikationsraumes sind Elemente eines neuen Mediums, das wir uns zuerst einmal didaktisch und methodisch erschließen müssen.

Bildschirm statt Tafel und Maus statt Kreide, hinter diesen Schlagwörtern verbirgt sich das Bemühen, die eben skizzierten Grundüberlegungen zur schulischen Medienerziehung in konkreten medienpädagogischen Projekten anzuwenden. Diese Projekte müssen die Frage stellen, wie Lehren und Lernen unter den Bedingungen einer multimedialen Vernetzung zu organisieren ist und welche Auswirkungen auf den Lern- und Lebensraum Schule sich daraus ergeben. Neue Anforderungen an Schule und Unterricht, wie sie zunehmend von der Gesellschaft (Industrie, Wissenschaft) gestellt werden, fordern auch neue Konzepte und Lösungsvorschläge zum Lern- und Lebensraum *Schule*.

Wenn unsere Lebens- und Arbeitswelt vom einzelnen immer mehr Fähigkeiten verlangt wie Kreativität, Flexibilität und Selbständigkeit, dann ist auch die Pädagogik herausgefordert, Lernprozesse zu initiieren, die eine Verbindung zum Umfeld der Schule erschließen und die sogenannten „Schlüsselqualifikationen" vermitteln. In dieser Verantwortung für die Schule müssen wir rechtzeitig Erfahrungen über den Stellenwert der „Datenautobahn" für Unterricht und Erziehung gewinnen. Denn nur solche Anwendungen werden später für Schulen und außerschulische Bildungseinrichtungen sinnvolle und nutzungsintensive Perspektiven bieten, die einen echten „pädagogischen Mehrwert" erkennen lassen.

Die Autorinnen und Autoren

1 Dr. **Ulrich Th. Lange**, Institut für Publizistik- und Kommunikationswissenschaft der Freien Universität Berlin, Leiter des Instituts für Medienintegration, Berlin, Potsdam, Frankfurt / Oder, Görlitz.

2 Dr. **Guido Kempter**, Laboratorium für Interaktionsforschung der Gerhard-Mercator-Universität Duisburg.

3 Dr. **Ulrich Müller-Schöll**, Institut für Publizistik- und Kommunikationswissenschaft der Freien Universität Berlin.

4 Prof. Dr. **Ludwig J. Issing**, Institut für Pädagogische Psychologie und Medienpsychologie der Freien Universität Berlin.

5 Dr. **Gabi Reinmann-Rothmeier**, Prof. Dr. **Heinz Mandl**, Institut für Pädagogische Psychologie und Empirische Pädagogik der Ludwig-Maximilians-Universität München.

6 **Wolfgang Stockhinger**, Geschäftsführer der IGL GmbH Personal- und Organisationsentwicklung Remscheid / Düsseldorf / Leipzig. IGL ist Partner der Matrix-Beratungsgruppe und der Matrix-Media-Serve, Düsseldorf.

7 Dipl.-Phil. **Carsten Bock**, Zentrum für Unternehmensführung mit Neuen Technologien GmbH (Z.U.T.), Berlin.

8 Dr. **Peter Schisler**, Geschäftsführer der mediadesign GmbH – multimedia akademie, Berlin.

9 Prof. Dr.-Ing. **Firoz Kaderali**, FernUniversität Hagen und Forschungsinstitut für Telekommunikation Dortmund/Hagen/Wuppertal. Dipl.-Inf. **Bernhard Löhlein**, Lehrgebiet Kommunikationssysteme der FernUniversität Hagen.

10 Dr. **Jürgen Kawalek**, Leiter des ETEC (European Teleservice Evaluation Centre), Technische Universität Berlin.

11 Dr.-Ing. **Stefan Krauter**, SolarKraftUnion; Institut für Elektrische Energietechnik der Technischen Universität Berlin.

12 Dr. **Nicolas Apostolopoulos**, Leiter des DIALEKT-Projekts, Dipl.-Kaufm. **Albert Geukes**, Dipl.-Kaufm. **Stefan Zimmermann**, DIALEKT-Projekt, Wirtschaftswissenschaftliches Rechenzentrum (WRZ) am Fachbereich Wirtschaftswissenschaft der Freien Universität Berlin.

13 Prof. Dr. **Werner Dewitz**, Leiter der Zentraleinrichtung für Audiovisuelle Medien (ZEAM) der Freien Universität Berlin.

14 **Werner Schnellen**, freiberuflicher EDV-Dozent und Kunstlehrer, begleitet das Kommunikationprojekt „Comenius" als beteiligter Lehrer und zeitweise auch als EDV-Dozent in der Jugendkunstschule im „Atrium". **Hans–Christian Kuhnow**, arbeitet als Koordinator im Comenius-Projekt und als Dozent für Grafikanwendungen bei dem Weiterbildungsinstitut Dr. Galwelat CIMdata GmbH, Berlin.

15 Dipl.-Sozialwirtin **Annette Hillebrand**, Wissenschaftliche Mitarbeiterin am Europäischen Medieninstitut e.V., Düsseldorf. Prof. Dr. **Bernd-Peter Lange**, Professor für Wirtschaftstheorie am Fachbereich Sozialwissenschaften der Universität Osnabrück (beurlaubt). Seit 1993 Generaldirektor des Europäischen Medieninstituts e.V., Düsseldorf.

16 **Ingrid Stahmer**, Senatorin für Schule, Berufsbildung und Sport, Berlin.

Die Autorinnen und Autoren stellen auf Anfrage gern weiterführende Literaturangaben zur Verfügung